圖解
系列

圖解

本書特色

● 完整介紹生物演化的各種研究成果與最新發展趨勢
● 本書巧妙地將每一個單元分為兩頁，一頁文一頁圖，
　左右兩頁互為參照化、互補化與系統化，將文字、
　圖表等生動活潑的視覺元素加以有效整合

演化學

林川雄 / 著

閱讀文字

理解內容

觀看圖表

圖解讓
演化學
更簡單

本書特色

● 生命的起源與演化為生命科學之中一個相當有趣的問題。它涉及到地球上的生命是如何從無機物中演化而來的，而在其他星球中是否也存在著生命，生命是如何由簡單發展到複雜，以及如何運用生命的演化來造福人類。

● 本書全方位地介紹了一百五十年來有關生物演化的各種研究成果，與演化學的最新發展趨勢，讀者可以從中深刻地瞭解演化學的來龍去脈。

● 本書希望藉由圖解的方式，讓專業知識的概念化身成一個一個單元，在不到一千字的簡約精鍊敘述中，加上圖表的系統歸納，輕鬆地認知這些艱澀難懂的專業知識。

● 本書深入淺出、循序漸進的方式的與通俗易懂的語言，整體性而系統地介紹了演化學的基本理論、方法與技術。

● 本書凸顯出關鍵性重點，將理論與實務做有效的整合，內容精簡扼要。

● 本書適用於演化學相關科系修習學生、非本科系修習學生、通識課程修習學生、相關職場的從業人員、對演化學有興趣的社會大眾與參加各種演化學考試的應考者。

● 本書巧妙地將每一個單元分為兩頁，一頁文一頁圖，左頁為文，右頁為圖，左頁的文字內容部分整理成圖表呈現在右頁。右頁的圖表部分除了畫龍點睛地圖解左頁文字的論述之外，還增添相關的知識，以補充左頁文字內容的不足。左右兩頁互為參照化、互補化與系統化，將文字、圖表等生動活潑的視覺元素加以互動式地有效整合。

● 本書特別強調「文字敘述」與「圖表」兩部分內容的互補性。

● 本書將「小博士解說」補充在左頁文字頁，將「知識補充站」補充在右頁圖表頁，以作為延伸閱讀之用。

● 本書巧妙地運用圖文並茂的形式，有匠心獨運與扣人心弦的獨特性。

序

從演化的角度來看，生命好比是一條訊息的漫漫長路。訊息在源頭起始之後，分成無數的歧路支流分散出去，然後又匯聚成無數種變化多端的組合。在代代相傳的過程中，訊息會從這個個體流到下一個個體，一路上指揮著新個體的成形與組合。每一個個體的成功將決定它所攜帶訊息的命運。訊息在往下游流動的過程中，會經過一些萃取（Extraction）與篩選（Selection）的程度，把最實用的部分繼續傳給下一代，此種選擇性的訊息流動，說穿了就是演化機制（Evolution Mechaniam）。

演化的主要機制：天擇（Natural Selection），嚴格說起來包括兩個步驟：即機會（Chance）和選擇（Selection）。「機會」指的就是一個族群中的訊息總量（即基因庫），會產生隨機的變化；「選擇」則是指非隨機性地去蕪存菁。所謂「取其菁華」的物種，就是指那些對生存與繁衍後代有所貢獻的物種。

機會與選擇總是相輔相成，兩個條件形成天擇。大自然會改變基因庫中的訊息；基因訊息的變化會改變生命的形式；生命的形式又會與環境互動（Interaction）；最後，環境將選擇最有利於該生命形式生存的變化（Variation）。於是，成功的變化被保留下來，並有機會加以持續改善（Continuous Improvement），這可以證實為何我們周遭的一切生物，似乎都很能適應它們所處的環境，即適者生存（Survival for the Fitness）。不論各種動植物或者礦物，都算是演化過程中成功的實例。你知道嗎？地球上所有曾經存在過的生物中，超過99%種皆已經滅絕（Extinction）了！

機會加上選擇，形成了各種創意表現的基礎。機會造就了嶄新的事物： 一種嶄新、完全無法預料（Unpredictable）的結果。選擇則專門篩選那些可以與現況完全吻合的創新（Innovation）。機會與選擇在一起運作之後，可以產生能夠充分適應環境的驚人結果，就好像是事先量身訂做（Customization）的精緻極品一樣。不過我們知道演化可能帶來非常複雜的結果，所以它不會、也不可能具有事先計畫好的目標。

生命的起源與演化為生命科學之中一個相當有趣的問題。它涉及到地球上的生命是如何從無機物中演化而來的，而在其他星球中是否也存在著生命，生命是如何由簡單發展到複雜，以及如何運用生命的演化來造福人類。本書全方位地介紹了一百五十年來有關生物演化的各種研究成果，與演化學的最新發展趨勢，讀者可以從中深刻地瞭解演化學的來龍去脈。

　　本書巧妙地將每一個單元分為兩頁，一頁文一頁圖，左頁為文（包含小博士解說），右頁為圖，左頁的文字內容部分整理成圖表（涵蓋系統化流程圖與表格，包含知識補充站）呈現在右頁。右頁的圖表部分除了畫龍點睛地圖解左頁文字的論述之外，還增添相關的知識，以補充左頁文字內容的不足。左右兩頁互為參照化、互補化與系統化，將文字、圖表等生動活潑的視覺元素加以有效整合。

　　本書的編寫，因時間匆促，疏漏與不完備之處在所難免，尚望海內外先進不吝斧正。最後非常感謝林則武先生不厭其煩，對從頭到尾的全文，皆做了精密細緻的修改與改稿與潤稿的工作，儘量使本書的錯誤降到最低的程度，洪源煌先生為本書自行製作了一部分精美的圖片，本書一部分精美之插圖版權皆授權自加拿大之 Can Stock Photo 公司，若沒有他們的積極參與、堅持不懈、持續改善、逐步求菁的精神，本書將不可能如期完成。

中臺科技學院醫管系助理教授　林川雄

第4章 倫理與社會問題

第5章 達爾文與演化論

第6章 達爾文的物種起源論

第7章　遺傳學導致演化論的發展

第8章　後達爾文演化論的發展

第9章　微生物學與演化論的發展趨勢

第10章 21世紀的演化論

第 1 章
生命世界

　　哲學家難以回答「人是什麼」，美學家難以回答「美是什麼」，生物學家難以回答「生命是什麼」。生命（Life）是什麼？生命與非生命的主要區別是什麼？這是生命科學與演化學最核心的問題，但迄今為止尚未有一個普遍為大家所接受的嚴格定義。

五彩繽紛的生命世界（授權自 CAN STOCK PHOTO）

1-1 **生命的本質**

（一）生命的本質

生命科學歸根究底，是要回答「生命的本質」這類的問題。在日常生活中，人們可以很容易地區分生物與非生物，但是從科學的角度，卻是一個很難精確回答的問題，因為生命現象是極其複雜，卻又多彩多姿。隨著生命科學的飛躍與發展，我們得到了某些歸納，作為對未來前進的探討方向。

英國已故的大哲學家「羅素」（Bertrand Russell）曾說：熱愛生命是一分與生俱來的感覺，他對生命（Life）的感覺有三，其一是神祕絕倫（Mystery），其二是奇妙無比（Wonderful），其三就是豐富多樣化（Diversified）。

在古代，哲學家已經十分關心生命本質的問題，後來的人認為「生命科學」是研究生命的共同特色與生命共同的發展規律。隨著人類社會的進步和文明的日益發展，人類更加珍惜生命，追求健康，更加重視對生命奧秘的研究和對生命科學知識的學習。

（二）「生命」是什麼呢？

隨著人類社會的進步和文明的日益發展，人類更加珍惜生命，追求健康，更加重視對生命奧秘的研究和對生命科學知識的學習。

那麼生命是什麼呢？

對生命本質的認識，目前尚未定論，人們還是在努力探索問題的答案。

這個世紀性難題鼓勵了一代又一代的物理學家與生物學家去探索生物系統的本質，它是否與量子力學、化學、生物資訊（DNA 與遺傳密碼）、天擇或者自我組織行為息息相關呢？

而「活的東西就是生命」，「能動的東西是生命」，「生命可以新陳代謝」等等，這些回答都沒有錯。但人類對生命系統的認知，並不完備，其核心問題仍是一個謎。要簡單明瞭，並且較系統地回答什麼是生命這個問題，就要區分生命與非生命的範圍，首先應該了解生命或生物的基本特色。

演化可能比達爾文所設想的還要豐富，我們相信自我組織系統與天擇的整合，可能是生物圈中的演化理論。雖然我們了解分子生物學中的許多程序與元件，但此核心問題，對我們而言，仍然是一個謎團。

如果生命在不斷地演化，那它們必須遵照「天擇」（Natural Selection）與「自我組織系統」（Self Organization System）來演化，這是從簡單的物理化學形式演變成複雜生命系統的唯一途徑。

小博士解說

對生命本質的認識，目前尚未定論，人們還是在努力探索問題的答案。

羅素對生命（Life）的觀感

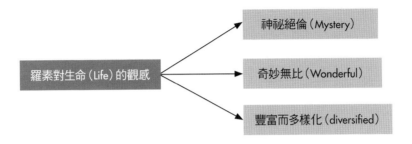

生命是什麼？

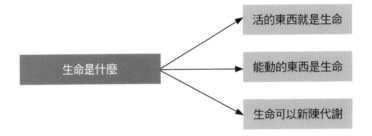

＋ 知識補充站

在古代，自然哲學家就已經關心生命本質的問題，但是，「生命」的科學概念卻是在十九世紀初提出來的，在那時人們已經認識到動物與植物具有某些共同的基本性質，它們都是「生物」，它們都有「生命」至於生命本質的問題，近代較有影響力的觀點來自於物理學家。波爾（Bohr, 1885-1962）於 1932 年，在「光與生命」（Light and Life）的演講中指出，想憑藉對原子的認識來徹底了解生命的現象是絕對不可能的。

薛丁格（Schrodinger,1887-1961）於 1945 年，在題為「什麼是生命」（What is Life）的小冊子中說：「目前的物理學與化學雖然還缺乏闡明在生物體中所發生各種事件的能力，然而絲毫沒有理由懷疑它們不可能運用物理學與化學來加以闡明，而且生物的研究有可能發現嶄新的物理學定律。」

到目前為止，關於生命本質的問題並沒有一個大家普遍接受的定義。

1-2 **生命的基本特色（一）**

（一）細胞是生物體的基本單位

除了病毒（Virus）之外，細胞（Cell）是生命存在的最基本形式，是一切生命活動的基礎。細胞被人們稱為生命的基礎單位，其原因有三：

第一，所有的生物都離不開細胞這一生命的基本架構，其可能本身就是一個細胞，或者由許多細胞所建構而成。因此，我們離開了細胞就沒有了生命。

第二，細胞也是生命活動賴以生存的基礎。各種細胞不僅呈現了其共同的基本生長過程，例如，新陳代謝、生長分裂凋亡等等。由此賦予了生物整體的生命屬性，而且多細胞生物所表現的各種高度轉化的生命活動，也都是建立在細胞活動的基礎上。

第三，地球上最早生命所攜帶的遺傳物質，因生物經歷演化（使細胞分化、細胞架構的建立），而讓生物演化更具環境適應性。

由成千上萬的細胞可以組成複雜的生物體，例如，高大的樹木、大象或人體；單細胞也可以組成簡單的生物體，單細胞由大分子及分子所組成。病毒（例如噬菌體）主要是由核酸和蛋白質外殼組成的簡單生命個體，它雖然沒有細胞結構，但仍然具有生命的其他基本特色。

細胞是生命的「單位」，一切生物都離不開細胞這一生命的基本形態結構，它是生命活動賴以進行的基礎。地球上生命的起源與確立，直接地關係著最早細胞的形成，而以後的生物演化與細胞分化和多細胞架構（Body Plan）的建立具有密切的關係。

小博士 解 說

細胞本身是一個動能系統，它不僅處在不斷地運動過程之中，它的結構也是可變的。生命也正是因為細胞具有的這一性質，才獲得了它特有的多樣性，和向高階形式發展的潛能，即生命獲得了演化的依據，經過漫長的歷史，「自發」地造就出了目前這個多彩多姿的生物世界。生物是架構化的，生物具有突現的特質（Emergent Properties），生物擁有從到細胞到生態系統的幾個架構層級。在生物世界中，由於非線性的運作所致，整體運作之架構層級大於部分運作之和，新架構層級的出現是由於較低架構層級之間互相影響的的突現特質所導致的。

從分子到細胞

分子（授權自CAN STOCK PHOTO）

大分子（授權自CAN STOCK PHOTO）

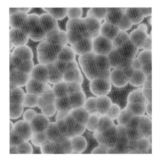

細胞（授權自CAN STOCK PHOTO）

生物的演化多彩多姿

（授權自 CAN STOCK PHOTO）

1-3 **生命的基本特色（二）**

（二）生物的新陳代謝現象

所有的生物體每一刻都處在與外界不斷地進行物質與能量交換的狀態之中，這就是生物的新陳代謝（Metabolism）現象，主要是生物物質與高能鍵生成與轉換機制，它是生命生長與生命活動的基礎。

（三）繁殖（Reproduction）

所有的生物都能夠產生後代，使之得以代代不斷地延續下去，稱為生物的繁殖（Reproduction）現象。生物的繁殖表現出高度的遺傳特性，即親代的各種架構、性狀被精確地傳給下一代，獲得重現。但是同時，子代結構和性狀會發生一定程度的改變，稱為變異（Variation）。生物的遺傳與變異主要是受到基因的控制與基因改變的影響。

（四）生長與演化

地球上的生命誕生於大約 35 億年前，從原始的單細胞生物開始，經過漫長的生物演化，在走過了多細胞生物形成、各種生物物種的發生到高等智慧物種，例如，人類出現等重要的發展階段之後，形成了今天龐大的生物系統。

這就是說生命的存在具有時間性，就整體而言，生命所表現出的是一種不可逆（Irreversible）的物質運動現象。

（五）應激性（Irritability）

應激性為能對由環境變化所引起的刺激作出相應的反應。生物對環境具有適應的能力，其為一種動態反應，可在較短的時間內完成，例如，動物尋覓食物、逃避追捕、植物趨光生長等，生物依此得以生存下去。對於外界的各種刺激，生物會產生相應的反應，即生物的結構和功能，會對環境產生和諧一致的表現。例如，一定的溫度能使雞蛋變成小雞，這是雞蛋中的受精卵對溫度變化的刺激作出反應，鳥類有適於飛翔的翅膀，魚類有適於水中呼吸的 ，而植物具有發達的吸收水分和營養的根葉，與有利於光合作用而充分展開的枝葉結構，而綠色植物向著陽光生長，人手碰到燙的都東西會馬上縮回來，一旦應激性完全喪失，生命活動也就終止了。

生物的新陳代謝現象→它是生命生長與生命活動的基礎

人類出現等重要的發展階段之後→形成了今天龐大的生物系統

應激性→能對由環境變化所引起的刺激作出相應的反應。

生命的基本特色

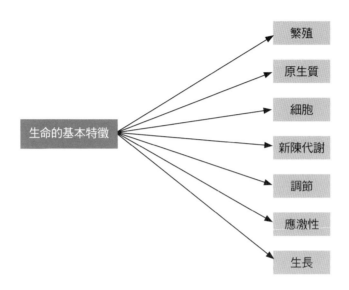

生命的基本特徵 → 繁殖
生命的基本特徵 → 原生質
生命的基本特徵 → 細胞
生命的基本特徵 → 新陳代謝
生命的基本特徵 → 調節
生命的基本特徵 → 應激性
生命的基本特徵 → 生長

✚ **知識補充站**

　　地球上有許多形態各異的生物，但是只有適應環境的物種才能夠生存下去。長頸鹿長脖子的原因是：既可以吃到長在高處的樹葉，也可以幫助它儘快地發現遠方的敵人。在地球上，既有重達三公克的地鼠也有重達 130 公噸的鯨魚，在地上與地底下的動物皆有，生物的演化實在多彩多姿。

　　一棵幼苗可以長成一棵大樹，一頭小象可以長成一頭大象，當我們看到一種東西在不斷地長大時，一般我們會 它是「活」的，它是有生命的。生長（Growth）是生物普遍具有的特色。

　　食鹽晶體、冬天的冰柱、岩洞下垂下的石筍等無生命物體也會長大，但它們的長大是在表面附加同類的物質，而生物體是由內部長大，其「材料」也不是環境所供給的現成物質，而是經由生物本身吸收改造之後所形成的物質。所謂生物是「活」的東西，就是說生命過程始終在新陳代謝、生長與運動過程之中。

1-4 系統論的觀點（一）

（一）自我組織系統

　　無論是從架構面還是從生命活動面來加以觀察，生命無疑都是一個高度複雜的動態系統（Dynamic System）。從系統論的角度可以給生命另一種認識模式。

　　系統論的研究啟示我們，物質世界具有一定的有序構成形式，並且物質世界的秩序架構處在不斷地轉化的過程之中。秩序構成的轉化以動力學系統形成、發展和消亡的方式呈現出來，它們構成了物質世界的演進。生命是物質這一基本屬性在特定階段和條件下的表現，它代表著一種特定的有序構成和動力學過程。生命動力學系統的基本架構是具有方向性的 DNA-RNA- 蛋白質的結構，它具有高度秩序（從結構和生命活動上看都是這樣）、開放式（新陳代謝）、具有耗散（Dissipative）特色（生命的維持需不斷地伴隨著物質和能量的消耗），而又是遠離平衡狀態的（在生長、發育、世代交替、生態結構變遷中，生命不斷地否定著自己）動力學系統。生命所依存的這個動力學系統透過其開放、耗散和遠離平衡狀態的動力學運動流程，獲得了不斷做自我組織（Self Organization）（呈現在各個層級的結構和程序不斷地更新方面）的屬性，實現了多層級超循環結構的建構（從分子層級到細胞層級，到多細胞生物的複雜階層關係，再到生物群集和生態結構，都包含著許多複雜的正負回饋調節和控制的結構）。在生命動力學系統混沌（生命不斷地發生著各個層級的突變）和吸引子（突變的發生和選擇存在方向性）的運作下，其自身的方向性結構不斷地朝著更高的層級邁進（見右圖）（從 DNA-RNA- 蛋白質的結構的方向性出發，導致多細胞階層結構出現，再引導智慧型生物出現）。在這一流程中生命獲得了維持（遺傳）並不斷提高自身有序構成水準的能力（演化），並同時接受了環境的影響，呈現在它自身結構的複雜化、多元化和適應環境的靈活性、主動性不斷地提昇等方面。

（二）印記（Imprint）

　　在生命有序性提高的流程中，生命同時呈現出層級漸進和多樣化發展的碎形演進趨勢。我們所見到的生命是物質上述屬性在地球特定環境中的表現，它的存在形式不可避免地從開始，以及在隨後的發展流程中都深深地烙下了這一特定環境條件的印記（Imprint）。這就是生命，就是我們見到的包括我們自身在內的地球上的生命。在這裏大略地講述了從系統論看生命的內容，其中參照、歸納了不同來源的論述和觀點，也不一定完全正確，但從中我們可以看到人們對生命現象認識不斷深入的趨勢。我們認為系統論的思考表現的是對生命現象認識的深入，因為這樣的分析使我們有可能對各種生命現象的瞭解，以便統一在一種整體觀點上，最大限度地將生命現象放在了宇宙物質存在和發展的大背景中來研究，也就能將生命現象和其他自然現象進行互動的分析和比較。

小博士解說

　　自我組織實現了多層級超循環結構的建構，我們所見到的生命從開始，以及在隨後的發展流程中都深深地烙下了這一特定環境條件的印記。

生命的多層級性：組織→細胞→分子→原子

生命的多層級性

銘記行為（授權自CAN STOCK PHOTO）

✚ 知識補充站

生命是自然界所存在的一種高度有秩序的現象，它表現在生物的空間結構、生物的型態與生物生長流程的時間上。其有秩序性自局部到整體，從過去到現在全方位地呈現出來，例如糖酵解振盪與某一區生物的數量會週期性地變化。在自然界中，我們看到生命千變萬化，有時使人感到此種變化，捉摸不定，難以掌握，但在混亂與隨機性的背後，生命流程中之生長、發育、繁殖與新陳代謝等，皆依據生物體中許多生化反應的高度有序性與一致性協同執行所致，生命的秩序性卻無所不在。

對生命現象的研究絕對不能採取尋求「終極」（Ultimate）原因的方法及過度簡化的「化約論」（Reductionism）來進行。從局部到整體，生命存在著自我相似的碎形（Fractal）特色，而生命的多態現象又一層層地展開。追朔歷史，此一現象反映了生物演化的自我相似屬性。

在生命秩序性提昇的流程中，生命同時呈現出層級漸進和多樣化發展的碎形演進趨勢。我們所見到的生命是物質上述屬性在地球特定環境中的表現，它的存在形式不可避免地從開始，以及在隨後的發展流程中都深深地烙下了這一特定環境條件的印記（Imprint）。這就是生命，就是我們見到的包括我們自身在內的地球上的生命。

這裏大略地講述了從系統論看生命的內容，其中參照、歸納了不同來源的論述和觀點，也不一定完全正確，但從中我們可以看到人們對生命現象認識不斷深入的趨勢。我們認為系統論的思考表現的是對生命現象認識的深入，因為這樣的分析使我們有可能對各種生命現象的瞭解，以便整合在一種整體觀點上，最大限度地將生命現象放在了宇宙物質存在和發展的大背景中來研究，也就能將生命現象和其他自然現象進行互動的分析和比較。

「動物行為學之父」勞倫斯（Konrad Lorenz）曾留下一張讓世人印象深刻的一張照片，畫面顯示一群小灰雁，將他當成母親，成群緊跟在他的身後走，這就是鳥類「印記作用」的神經遺傳學研究的最佳寫照。

1-5 系統論的觀點（二）

（三）科際整合

就在人們運用傳統的生命科學方法來探討生命的起源，即進行著有關先有蛋白質還是先有核酸的激烈爭論，在 20 世紀，人類自然科學另一個偉大的發現誕生了。1940 年代，奧地利生物學家伯塔朗菲（L. V. Beretalanffy, 1901-1971）提出了生命是具有整體性、動態性和開放性的秩序系統，從而開啟了系統論（System Theory）的新紀元。幾十年來，系統論快速發展，包括比利時物理學家普里高津（I. Prigogine, 1917）對耗散系統的秩序自我組織現象的發現、法國數學家湯姆（R. Thom, 1923）從邊變論出發對生命形態發生動力學分析的發表、德國學者哈根（H. Haken, 1927）的協同理論的提出，德國物理－化學家艾根（M. Eigen, 1929）超循環理論的建構、美國氣象學家羅侖茲（E. Lorenz）對混沌中秩序性的發現（1963），以及法國數學家曼德伯（Benoit Mandelbrot）創立了碎形幾何學（1970 年代）。一種全新對生命的認識方法正在興起，這一方法已開始被應用到對生命現象包括生命起源的研究之中，並且日益顯示出它強大的生命力。

小博士解說

在系統論理論的指導下，1984 年，發現矽酸岩介導 DNA 合成現象的奧地利學者史考斯特（Schuster）提出了一個從化學演化到生物演化的階梯式的過渡模式，試圖從生物小分子到最終細胞出現分解成六個序列躍遷的動力學流程。當代美國理論生物學家考夫曼（S. Kauffman）1993 年發表了「秩序的起源：演化中的自我組織和選擇」一書，它是目前研究生命秩序起源的一部十分重要的著作。

其中對於生命的起源，作者並不是分散地從某單一成分來討論生命的起源，而是將它放在一個動力學系統中來加以思考。儘管探討這個複雜系統的建構歷史仍然還是一項非常艱鉅而困難的工作，書中的分析處在基本理論推導的階段，但是它傳達的資訊是：生命起源的問題，特別是 DNA－RNA－蛋白質秩序的建構，不應孤立地從某個特定物質來加以討論，它應是一個由多種原始生物大分子共同驅動的動力學系統的有秩序自我組織流程。

選擇作用從新的角度給予了解釋，生命系統的隨機變更以它內因性的動力學穩定，和對環境的適應獲得「選擇」，即從系統論的觀點來看，生命在一定的自然界條件下，從非生命的環境中誕生，就理論層面來說，是相當合理的。系統論的思考所呈現的是對生命現象認識的深入化，因為這樣的分析使我們有可能對各種生命現象的瞭解，以便整合在一種整體觀點上，最大程度地將生命現象放在宇宙物質存在和發展的大背景中來研究，也就能將生命現象和其他自然現象做互動式的分析和比較。

科際整合

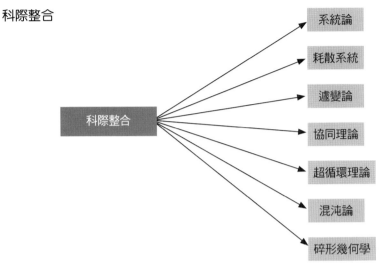

複雜適應系統

　　如果人類的確具有相當程度的集體遠見：對於未來的分支歷史有相當程度的了解，則一個高度適應性的變化必將發生。

　　在轉變完成之後，四海一家的人類整體，與棲息或生長在地球上的其他動物一道，將會成為比現在更加美好的一個合成而具有充分多樣性的複雜適應系統。

　　各種不同文化傳統的國家協力合作並做無暴力的良性競爭，導向一個較為理想的永續發展美麗新世界，則整個體類與大自然天人合一，從而充分有效地發揮具有充分多樣化（Diversified）複雜適應系統（Complex Adaptive System, CAS）的良性功能。

永續發展的美麗新世界

（授權自CAN STOCK PHOTO）

1-6 二十一世紀生命科學的挑戰

（一）從達爾文到 DNA

21 世紀生命科學的三個重要研究工作為：

1. 人類基因組解讀計劃
2. 人類對大腦的研究
3. 動物複製技術的發展

人類有將近 60% 的疾病與基因變異有關，人類有意識，會思考、學習，其原因在於大腦，生物科技使人類擁有複製動物的能力，卻引起了空前的人類價值問題，如何藉助於科學來創造人類的美麗新世界（Brave New World），教育社會大眾認識生命科學，這是全人類的挑戰。

分子生物學的發展，使人們更為瞭解生命現象。但是同時，人們也越來越深刻地感到生命現象是一個複雜的系統問題，而不能單純地歸結於分子層級的活動。至目前為止，已進行的兩種重要的系統工程為人類基因組（Human Genome）的定序與大腦整體資訊圖樣（Brain Mapping），此類工作的延伸反映了今後生命科學的發展趨勢。

（二）分子演化

在分子層級上，演化的流程涉及到 DNA 分子中發生插入、缺失、核苷酸替換等突變。若某一段 DNA 編碼某種多肽，則此類變異就可能使多肽鏈氨基酸序列發生變化。在長期的歷史歷程中，這些變異就會累積起來，形成與其祖先存在很大差異的分子。隨著現代生物科技的發展和應用，現在能夠確定 DNA 的核苷酸序列和各種多肽鏈的氨基酸序列。對各種相關序列加以比較，即能確定各種生物演化的分子基礎，從而建構出分子演化的系統樹（Phylogenetic）。

小博士解說

生命科學的挑戰

在科學發展的歷史長河中，各門學科並非齊頭並進。近代科學的領頭學科是力學，現代科學的尖端學科是物理學，21 世紀的尖端學科是什麼？很多人看好生命科學。人們在嚴格科學實驗的基礎上，研究人腦的活動，其中包括思想與情感；神經科學、心理學、語言學、哲學與電腦科學的科際整合，形成了一門嶄新的尖端學科：認知科學（Cognitive Science）。生命科學的發展促進了自然科學與人文科學的整合。

21 世紀生命科學的三個重要研究工作→（1）人類基因組解讀計劃
　　　　　　　　　　　　　　　　→（2）人類對大腦的研究
　　　　　　　　　　　　　　　　→（3）動物複製技術的發展

從達爾文時代到 DNA

查爾斯‧達爾文（授權自 CAN STOCK PHOTO）

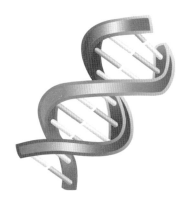

DNA（授權自 CAN STOCK PHOTO）

✚ 知識補充站

　　分子生物學的發展，使人們更為瞭解生命的現象。但是同時，人們也越來越深刻地感到生命現象是一個複雜的系統問題，而不能單純地將之歸諸於分子層級的活動。僅僅是病毒基因在宿主中的呈現方式，就涉及到十幾個相關的正負回饋的通道與因子，它們相互關聯，共同執行對基因表現的調控。至目前為止，已進行的兩種重要的系統工程為人類基因組（Human Genome）的定序與大腦整體資訊圖樣（Brain Mapping）之外，美國 Stanford、UC Berkeley、Harvard、Princeton、Johns Hopkins 等十多所大學已籌募資金，聯手建立生命複雜系統研究中心，此類工作的延伸反映了今後生命科學的發展趨勢。

1-7 **現代生命科學的架構**

（一）現代生命科學的架構

今天的生命科學已經形成了一個具有廣泛內容與複雜結構的龐大系統。總而言之，生命科學的最基本課題可以歸納為三個層面：

1. 研究生命的架構及形成流程
2. 了解生命活動的運作規律
3. 探討生命的起源與演變歷史

（二）生命科學的研究對象

生物學（Biololgy）又稱為生命科學（Life Science），為研究生物與生命現象的科學，其研究包括各種生物的生命活動、生物的發生與發展規律，以及生物與生存環境的互動。可以將物質世界劃分為生物界與非生物界，而生命科學的研究對象包括整個生物界高度複雜的各種生命物質型態，同時也涉及到構成生物生存環境的一些非生物界的物質型態，故生命科學為最為廣泛的自然科學。

小博士解說

有人說 21 世紀將是生命科學的世紀。對此，人們可以提出許多的分析和各自發表了相關的見解。但是，如果只從投入的人力、物力所呈現的規模，和對人類社會生活的影響，來認識生命科學還是不夠的。我們認為應該充分意識到，由於生命科學發展，可能帶來對人類思想和觀念的重大衝擊和改革，改變以往建立的傳統的科學認知模式，生命現象帶給人們展現一個從局部到整體的複雜動態系統。

生命現象給人們展現了一個迄今已知的，自然界產生和存在的最深奧也是最迷人的，從局部到整體整合在一起的複雜動態系統（Complex Dynamical System）。它告訴我們秩序完全可以在無序和增加熵（Entropy）的環境中，以動態系統的方式「自動自發」地衍生出來；動力學系統的結構可以有方向性，即從整體上看世界的存在和它的運動是具有時間向量性而不可逆轉的；運用傳統的數學方法可以解析的現象，在自然界中是相當有限的，此外以混沌（Chaos）來解釋生命的現象，同樣蘊涵著豐富的秩序性和確定性。面對這一切，但若用由傳統物理學所建立起來的傳統科學方法，來應用於今天的生命科學則會面臨了很大的挑戰性。但不可諱言，生命科學是非常具有發展價值的。

西元 1953 年科學家發現了遺傳基因的物質基礎 DNA 的雙股螺旋體，從此打開分子生物學的大門，也使生命科學邁進新紀元。生命科學的終極目的，在於探究生命的奧秘。

生命科學的最基本課題

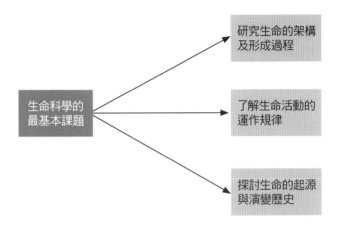

生命科學的
最基本課題

研究生命的架構
及形成過程

了解生命活動的
運作規律

探討生命的起源
與演變歷史

✛ 知識補充站

　　21 世紀生命科學的三個重要研究工作：人類基因組解讀計劃，人類對大腦的研究及動物複製技術的發展。人類有將近 60% 疾病與基因變異有關，人類有意識、會思考、學習，原因在於大腦，生物科技使人類擁有複製動物的能力，卻引起了空前的人類價值問題，如何藉助科學創造人類的美麗新世界，教育社會大眾認識科學，這是全人類的挑戰。

　　生命科學的發展史，不僅向人們充分地顯示了生命現象的極端複雜性，和對它探索的艱難程度，自然科學的發展也相當程度地受到社會因素、實驗技術和方法、科學發展整體水準和趨勢的限制和影響。在漫長的人類科學發展歷史中，無數的科學家為此付出了艱辛和畢生的精力，儘管他們有成敗、有成名和被埋沒的，但他們追求科學的精神同樣是永垂不朽。

　　科學的發展史充分證實，就本質上而言，「科技始終本乎人性」讓人越是深入地瞭解自然界的規律，也越能引起與人類本性的共鳴，現代生命科學讓人更加強烈地感受到這一點，人類的天然本性與人類對科學的追求是相通的，從而體現出天人合一，渾然一體的美麗新境界。

第 2 章
生物的行為

　　生物的行為（Behavior）分為本能行為和習得行為。通常，低等動物和植物、微生物等生物的行為基本上是本能行為，而高等動物和人類既有本能行為，也有習得行為。

生物的行為變化萬千（授權自CAN STOCK PHOTO）

2-1 習得行為

習得行為（Learned Behavior）又稱為獲得性行為（Acquired Behavior），是指透過學習所獲得的行為方式。習得行為主要包括：

（一）銘記（Imprinting）

這是某些生物在其生命早期特定的敏感時期的一種不可逆的認知行為。所謂的「銘記作用」，主要用以說明動物在出生之後，第一次看到、聽到或接收到的學習內容，會將其深刻地留在腦海中，導致日後模仿，或對聲音、形象的認知與行為，都會以「第一印象」作為模範，而此種反應，與生物腦部掌管視覺的結構與功能，具有密切的關係。

（二）習慣化（Habituation）

動物對經常發生的既無利又無害的外界環境刺激的反應會逐漸淡化。例如，野生動物保護區域動物園的野生動物不害怕人，長期生活在鐵路附近的動物往往不會被過往的火車驚嚇。因為它們已習慣了這些外界刺激。

（三）聯想式學習（Associative Learning）
或者條件作用（Conditioning）

動物可以將對某些神經刺激訊號的反應與特定的獎勵或者懲罰整合起來，經過不斷地嘗試和錯誤（Trial and Error），逐步形成趨利避害的條件反射（Conditioned Reflex）行為。條件反射行為是俄國著名動物生理學家巴甫洛夫（Ivan Pavlov）發現和最早進行系統研究的。在馬戲團裏馴獸師常常根據操作性條件功能（Operant Conditioning）原理，利用獎懲的方式來教會動物根據所發出的訊號而來表演各種特技。

（四）領悟式學習（Insight Learning）或者推理（Reasoning）

在此所指的是包含複雜思考活動的學習行為。此種學習行為不僅僅限於純粹的模仿功能，還能夠活學活用而有所創新。領悟式學習曾經被認為是人類獨有的能力，但事實上有些靈長類動物也有一定領悟學習能力。其中最突出的例子是黑猩猩，當牠進入一間高處掛有香蕉、地上有一些矮木箱的房間時，可以想出把木箱疊起來再爬上去取香蕉的辦法。而近年更有個別的黑猩猩成功地學會了一些手勢語言，甚至能夠操作電腦鍵盤而正確地使用一些簡單字彙。

習得行為

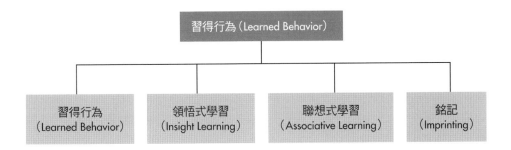

```
                    習得行為(Learned Behavior)
                              │
        ┌──────────────┬──────┴──────┬──────────────┐
    習得行為          領悟式學習        聯想式學習          銘記
(Learned Behavior)  (Insight Learning) (Associative Learning) (Imprinting)
```

銘記行為

「動物行為學之父」勞倫斯（Konrad Lorenz）曾留下一張讓世人印象深刻的一張照片，畫面顯示一群小灰雁，將他當成母親，成群緊跟在他的身後走，這就是鳥類「印記作用」的神經遺傳學研究的最佳寫照。（授權自 CAN STOCK PHOTO）

✚ 知識補充站

　　學習（Learning）是最後成為經驗的行為改變。學習能力是遺傳得來的，且使一個生物改變行為去適應環境。例如，有些鴨子、鵝孵出後會把它們最早見到的能運動的物體當作自己的父母，這一現象是奧地利行為學家勞倫斯（K. Lorenz）在 1930 年代所發現的，被他用來行為實驗的許多鴨子、鵝終身把他本人當成了自己的母親（如上圖）。

2-2 基因與行為

生物的行為與生物的其他性狀一樣，都在相當程度上受到遺傳基因的控制。基因可以控制生物神系統（例如，大腦、脊 等）、內分泌系統（例如分泌各種激素等）、感覺器官（例如，觸角、眼、耳、鼻、舌等）的發育影響行為表現。對於本能行為，控制行為性狀的遺傳基因比較容易加以分析。

例如，有一種蜜蜂品系的工蜂可以將病死蜂蛹，從蜂房中搬出去扔掉，因而稱其為衛生型蜜蜂，而不具這種能力者稱為非衛生型蜜蜂。對兩種蜜蜂雜交後代的分析證實，衛生型蜜蜂具有兩對隱性基因 uurr，它們能將內有病死蜂蛹小室的封蓋打開（Uncap），然後移走（Remove）蜂蛹。

非衛生型蜜蜂基因型為 UURR，既不能打開蜂室又不會移走蜂蛹（如右圖）。兩類蜜蜂的雜交 F_1 代（UuRr）為非衛生型，兩類蜜蜂的雜交 F_2 代則分離出非衛生型蜜蜂（U_R_）和衛生型蜜蜂（uurr）這兩種親型，以及可以打開病蛹蜂室，但是不移走蜂蛹的蜜蜂（rrR_），和不會打開病蛹蜂室，但是當人為打開蜂室之後，它會移走病蛹的蜜蜂（U_rr）這兩種重組型。此實驗充分證實，生物以具體的基因來控制特定的行為，而複雜的行為可能由多對基因所控制。

不難瞭解，習得行為的遺傳基礎更為複雜，受到環境的影響也更大。儘管如此，不同生物具有不同遺傳的學習能力是顯而易見的。馬戲團的馴獸師都懂得根據不同種動物學習能力的不同而因材施教。

現在，在動物行為多基因控制機制研究中，人們更加注重的是這些基因表現的調控機制，越是高等生物越是如此。因為往往有同樣的基因基礎，不一定具有相同複雜的行為。同時還應該注意到，不能把所有動物行為都單純地還原到基因的基礎上來加以認知，尤其是動物學習行為是受到眾多的內外因素所影響，刺激訊息要透過各種化學反應網路和多極神經控制網路的整合，才能產生動物的某種行為。

小博士 解說

今天我們所知道的任何行為模式都具有遺傳的基礎，基因提供生物體的一項規劃，但是此種規劃也會受到環境的影響所修改。

生物以具體的基因來控制特定的行為，而複雜的行為可能由多對基因所控制

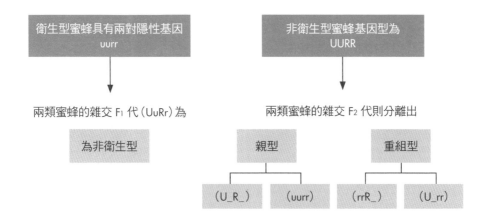

衛生型蜜蜂具有兩對隱性基因
uurr

非衛生型蜜蜂基因型為
UURR

兩類蜜蜂的雜交 F₁ 代 (UuRr) 為

兩類蜜蜂的雜交 F₂ 代則分離出

為非衛生型

親型

重組型

(U_R_)　　(uurr)

(rrR_)　　(U_rr)

蜜蜂「衛生」行為的遺傳基礎：
兩個特殊基因控制著工蜂將患病的蛹從蜂巢中逐出

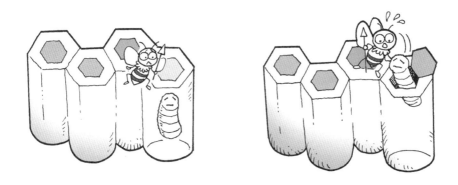

病蜂死蛹

+ 知識補充站

　此實驗充分證實，生物以實際的基因來控制特定的行為，而複雜的行為可能由多對基因所控制。

2-3 激素與行為

　　行為與激素有關，這在脊椎動物中是一種相當普遍的現象。例如，當一個體遇到了一隻猛獸，運用視覺、聽覺、嗅覺等途徑，將猛獸恐怖的刺激傳入大腦，再透過腦的一系列複雜的神經通路，將整合的刺激訊息經過幾個途徑傳出去：

　　（1）第一條途徑是把整合的刺激訊息傳遞給腦下垂體，由腺垂體部分分泌出 ACTH（促腎上腺皮質素），ACTH 透過血液輸送，作用於腎上腺皮質，促使它分泌出腎上腺皮質激素。腎上腺皮質激素作用於肝臟，促使肝醣原水解成葡萄糖。葡萄糖由血液輸送到身體各部位的細胞，作為細胞生物氧化的原料材，所產生的能量以備這位受刺激者做出緊急某種行為之用。

　　（2）第二條途徑是將腦內整合的刺激訊息作用於腎上腺髓質，使之分泌出腎上腺素和去甲腎上腺素。在這兩種激素的運作下，受到刺激者心跳會加快，呼吸會變得急促，血醣升高，於是人就出現了「血壓升高，手腳冰涼」等種種恐怖症狀。

　　（3）第三條途徑是腦內整合的刺激訊息透過脊髓傳出到肌肉，使得受刺激者做出逃逸或與猛獸搏鬥的行為。這些訊息傳遞流程看起來似乎十分複雜，但卻是十分迅速。據估計人腦中包含有 1 萬億個神經元，人類接受恐怖刺激的時間僅需 4 微秒左右，做出反應的時間也不過是 12 微秒而已。

　　行為與激素密切相關，這在脊椎動物中是一種十分普遍的現象。例如，當一個體遇到了一隻猛獸，運用視覺、聽覺、嗅覺等途徑，將猛獸恐怖的刺激傳入大腦，再透過腦的一系列複雜的神經通路，將整合的刺激訊息經過幾個途徑傳出去。

小博士解說

　　費洛蒙（Pheromone）：最早的感覺系統是對微量化學物質作出反應。大多數動物都演化出利用分泌微量訊息化學物質（即費洛蒙），作為與物種不同個體之間資訊交流的方式。例如，蜂王分泌的產生抑制工蜂性腺發育等功能的蜂王物質，以及各種昆蟲分泌的性吸引素等。昆蟲的觸角、動物和人的鼻子等嗅覺器官都能接受和感知相應的各種費洛蒙。

行為與激素的關係

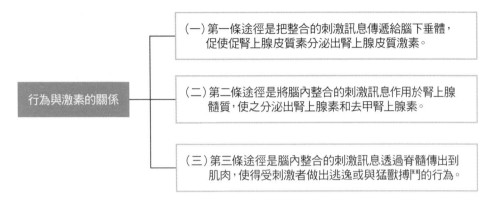

行為與激素的關係

（一）第一條途徑是把整合的刺激訊息傳遞給腦下垂體，促使促腎上腺皮質素分泌出腎上腺皮質激素。

（二）第二條途徑是將腦內整合的刺激訊息作用於腎上腺髓質，使之分泌出腎上腺素和去甲腎上腺素。

（三）第三條途徑是腦內整合的刺激訊息透過脊髓傳出到肌肉，使得受刺激者做出逃逸或與猛獸搏鬥的行為。

當人們感受到猛獸恐怖刺激時，激素分泌對人行為的影響

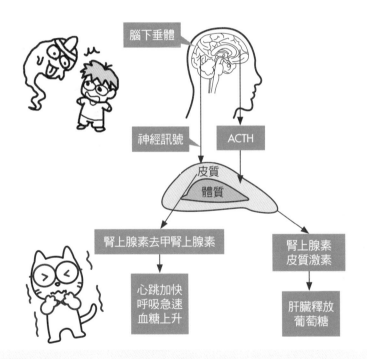

腦下垂體

神經訊號　　ACTH

皮質
體質

腎上腺素去甲腎上腺素　　腎上腺素皮質激素

心跳加快
呼吸急速
血糖上升

肝臟釋放
葡萄糖

＋ 知識補充站

　　行為與激素密切相關，這在脊椎動物中是一種十分普遍的現象。例如，當一個體遇到了一隻猛獸，運用視覺、聽覺、嗅覺等途徑，將猛獸恐怖的刺激傳入大腦，再透過腦的一系列複雜的神經通路，將整合的刺激訊息經過幾個途徑傳出去。

2-4 試誤式學習

（一）嘗試與錯誤

動物透過試誤（Trial and Error）或者經驗的累積，最後學會了透過選擇得到強化的刺激。實驗中是透過動物走多重選擇迷宮（Maze）來研究動物的這種學習行為。

所謂的迷宮就是從出發點到放食物（西瓜）的地方，動物必須透過做一連串的辨別才能找到一條正確的道路，最後達到目的地吃到了食物（西瓜）（如右圖：迷宮）。

在走迷宮中動物可以使用不同的感覺器官來作為辨別的依據，例如，小白鼠可以運用聽覺、視覺、嗅覺等作為尋找迷宮中食物（西瓜）的線索。透過多次的選擇而得到正確的結果，如此巡迴反覆，無異於使它的正確選擇不斷地強化，因此最後動物可以很快地通過迷宮而找到食物。即它們透過多次的嘗試，從錯誤和成功的經驗中逐漸學會了正確的選擇。

而老鼠在迷宮中，運用試誤學習一定能找到食物（西瓜）。老鼠到了交叉口，總是向沒有鋪過線的路上走，老鼠若碰到死胡同就按線返回，並在返回的路上鋪下第二條線，並且不斷地向沒有走過的路線走，避免了在迷宮中兜圈子，由於迷宮中的路總是有限的，只要這樣堅持下去，一定能找到食物（西瓜）。這是一種試誤學習（Trial and Error Learning）的流程，它包括回憶以往的經驗來解決目前實際的問題。

（二）迷宮問題

可以模擬聰明的動物準備了一個相當大的線團，牠一邊走一邊在自己走過的路上鋪線。牠遵循下列兩個原則：（1）老鼠到了交叉口→總是向沒有鋪過線的路上走。（2）老鼠若碰到死胡同就按線返回，並在返回的路上鋪下第二條線，如此就可以避免第二次走入自己已走過的路，並且不斷地向沒有走過的路前進，從而避免在迷宮中兜圈子，如此必能走出迷宮，此即為試誤式學習。

小博士解說

動物透過嘗試與錯誤或經驗累積，最後學會了透過選擇得到強化的刺激。試誤學習的流程，它包括回憶以往的經驗來解決目前實際的問題。

動物可將對某些神經刺激訊號的反應與特定的獎勵或懲罰聯繫起來，經過不斷嘗試和改錯（Trial and Error），逐步形成趨利避害的條件式反射（Conditioned Reflex）行為。條件反射行為是俄國著名動物生理學家巴甫洛夫（Ivan Pavlov）發現和最早加以系統化地研究。

老鼠如何走出迷宮

（1）老鼠到了交叉口→總是向沒有鋪過線的路上走。

（2）老鼠若碰到死胡同→就按線返回，並在返回的路上鋪下第二條線。

出發點

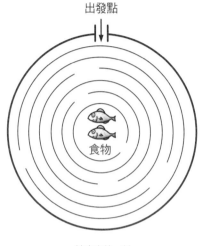

食物

迷宮中的一種

老鼠試誤式學習的流程

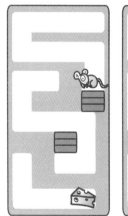

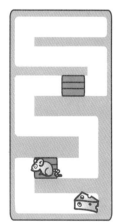

> **✚ 知識補充站**
>
> 　　老鼠在迷宮中，運用試誤式學習一定能找到食物（乳酪）。老鼠到了交叉口，總是向沒有鋪過線的路上走，老鼠若碰到死胡同就按線返回，並在返回的路上鋪下第二條線，並且不斷地向沒有走過的路線走，避免了在迷宮中兜圈子，由於迷宮中的路總是有限的，只要這樣持續下去，一定能找到食物（乳酪）。

2-5 透視力學習

透視力學習也稱為推理性學習。

這是一種比較複雜的學習行為，它很容易在靈長類動物中觀察到。例如繞道取食實驗，即在動物與食物之間設置障礙物：將拴動物的繩子繞過木頭才能夠到食物。老鼠、狗、浣熊等透過多次亂跑亂轉，偶然能繞開木頭得到食物，顯然它們是透過透視力學習才解決了問題。而猴子、黑猩猩在同樣情況下，一次就能解決問題，這是一種推理流程，一種透視力學習。同樣，對於懸掛在高處的香蕉，黑猩猩懂得將散落在地上的木箱一個個堆疊起來，然後站在木箱上將香蕉摘下。

這是一種透視力學習（Insight Learning）的流程，它包括回憶以往的經驗來解決目前實際的問題。這是一種比較複雜的學習行為，它很容易在靈長類動物中觀察到。即在螞蟻與食物之間設置障礙物：將拴螞蟻的繩子繞過木頭才能夠到食物。螞蟻透過多次亂跑亂轉，偶然能繞開木頭得到食物，顯然它們是透過透視力學習才解決了問題（如右圖）。

透視力學習是動物在沒有以前的經驗之下，在第一次嘗試之時，即有良好表現的能力。若將黑猩猩放入一間懸掛在高處的香蕉，但卻拿不到的房間中，此時黑猩猩會運用透視力學習，並將散落在地上的木箱一個個堆疊起來，然後站在木箱上將香蕉摘下。而烏鴉在解決收回懸在線上的食物時，會以一隻腳收回線，而另一隻腳壓住線的方法來解決問題，顯然牠是透過透視力學習才解決了問題。

小博士 解說

透視力學習或者推理學習是以以往的經驗來解決目前實際的問題。在動物與食物之間設置障礙物：將拴動物的繩子繞過木頭才能夠到食物。老鼠、狗、浣熊與螞蟻等動物透過多次亂跑亂轉，偶然能繞開木頭得到食物，顯然它們是透過透視力學習才解決了問題。

例如，黑猩猩（Chimps）能夠思考出一種方法，拿到原本無法拿到的香蕉，牠們會堆起箱子或者使用竹竿以取得食物。此充分證實黑猩猩（Chimps）具有透視力學習的能力。

在螞蟻與食物之間設置障礙物：將拴螞蟻的繩子繞過木頭才能夠到食物。螞蟻透過多次亂跑亂轉，偶然能繞開木頭得到食物，顯然它們是透過透視力學習才解決了問題。

透視力學習實例

繞道取食實驗

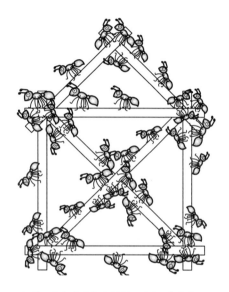

螞蟻群集智慧最驚人的透視力為：複雜的集體行為可由個體依循簡單的規則而突現

✚ 知識補充站

　　螞蟻群集智慧最驚人的透視力為：複雜的集體行為可由個體依循簡單的規則而突現像蜜蜂、白蟻、螞蟻這些社會性昆蟲，提供絕佳的例子讓我們瞭解，複雜的行為會衍生自簡單個體之間的突現互動（Emergent Interaction），很顯然地，訊息的分享把螞蟻族群帶向一個較為複雜而高等的階層，螞蟻依據相當簡單的互動行為，例如，其他的螞蟻族群，在聞到有費洛蒙的路時，不要繼續走等相當簡單的資訊，避免了其他的螞蟻族群走入使死胡同，從而衍生出相當聰明的群集智慧（Swarm Intelligence）。

2-6 通訊訊息的功能

　　通訊訊息存在種內和種間兩方面的功能。在種內，通訊訊息可以滿足本物種的特定需求，將物種內個體之間的互動加以協調和組織。即通訊訊息在種內具有報警、覓食、求偶、交配、辨認親子、聚集和個體對抗等功能。

　　報警行為存在於所有社會性動物和非社會性動物中，動物的很多警訊息實際上都是警告其他個體訊速走開或逃離。聲音報警訊息，例如，鳥類的鳴叫報警、麋鹿和駝鹿的吼叫、羚羊的叫嘯和靈長類動物尖聲喊叫等。視覺報警訊息，例如，鳥類以鮮艷醒目的翅羽或尾羽傳遞危險訊息。蜜蜂和螞蟻，依靠焦慮不安的跑動報警，其報警訊息都是靠震動音傳播。螞蟻只能感受地面振動音。野兔則以捶擊地面報警等。

　　在社會性昆蟲中，有著微妙和複雜的傳遞食物資訊的訊息。螞蟻用觸角觸摸覓食蟻的身體，以了解食物的種類和性質。而現代蜜蜂舞蹈通訊是食物訊息傳遞演化到頂點的指標。蜜蜂的舞蹈和其他行為可以傳遞 4 種資訊：食物的類型、數量和質量、距離以及方位。食物的類型是靠粘附在體毛上的氣味、反吐出的少量花蜜和花粉來傳遞的；食物的數量和質量是靠舞蹈持續的時間以及舞蹈者興奮程度傳遞的，越興奮其腹部震顫頻率越高；食物的距離是由舞蹈類型決定。食物離蜂巢很近，偵察蜂在蜂巢上跳圓圈舞。隨著食物離蜂巢距離增加，鐮刀舞會取代圓圈舞；距離再加大八字舞又會取代鐮刀舞。

　　食物的方位是靠八字舞中間直線的方向來指示。如果八字舞中間直線與巢穴是垂直向上，則證實蜂巢、食物和太陽是在一條直線上，而且食物位於蜂巢和太陽之間；如果是垂直向下，就證實食物和太陽分別位於蜂巢兩側；如果是向右或向左偏離了垂直線 X 角度，就證實食物是在蜂巢和太陽連線偏右或偏左 X 角度的方位上。

小 博 士 解 說
通訊訊息存在種內和種間兩種功能。

蜜蜂的三種主要舞蹈通訊類型

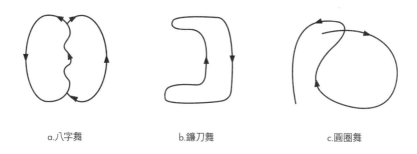

a.八字舞　　　　　b.鐮刀舞　　　　　c.圓圈舞

蜜蜂八字舞走中間直線的方向與蜂巢（H）、食物（F）和太陽（S）之間相對位置關係

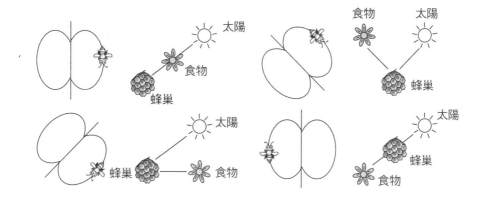

＋　知識補充站

　　求偶和交配訊息是透過視覺、聽覺和嗅覺傳遞的，這類訊息包括釋放性外激素、動物鳴叫或者磨擦發聲、生物發光、炫耀動作和展示鮮艷色彩等。在大多數情況下都是由雄性發出訊息，但也有的是雌性所發出的，例如，雌蠶蛾釋放蠶蛾醇吸引雄蛾。親子訊息最典型例子是銀鷗的雛鳥乞食反應，當雛鷗啄擊親鷗喙尖上的紅點，鷗就會把食物反哺給雛鷗。在黏菌變形蟲中，聚集訊息是 cAMP。個體對抗訊息包括攻擊、退卻和威嚇等，它是同種個體為爭奪食物、領地和配偶等而發生的對抗和戰鬥。

　　通訊在物種之間具有很多不同的型式，例如，裂唇魚透過跳波浪舞來接近它的清潔對象，而願主魚則擺出某種姿勢讓裂唇魚進入鰓、口腔或附在身體其他部位清除體外寄生物。這些寄生物正是清潔魚的唯一食物來源。而蝦虎魚喜歡利用鼓蝦屬的蝦所挖的洞穴，作為自己的隱藏所，它對鼓蝦的回報是靠輕輕地擺動尾巴向鼓蝦報告危險；洞外的鼓蝦則用觸鬚觸碰蝦虎魚的方法告之自己的存在。

2-7 行為本能

行為本能（Instinctive Behaviour）或者先天行為（Innate Behaviour）是指與生俱來的、有固定模式的行為。行為本能主要包括下列內容：

（一）趨性（Taxis）和向性（Tropism）

常見的飛蛾撲火現象是昆蟲趨光性（Phototaxis）的呈現方式，細菌向營養物質濃度高處運動是趨化性（Chemotaxis）的呈現方式；植物莖葉的向光性（Phtototropism）生長、根系的向地性（Geotropism）生長等都是向性的呈現方式。

（二）反射（Reflex）和本能（Instinct）

捕蠅草帶刺的變態葉上一旦有蒼蠅跌落時，此種葉子會突然抓捕住蒼蠅，新生兒對放入嘴中的東西會有吮吸反應，一些動物和人見到鮮美的食物時會情不自禁地分泌唾液，這些都是對外來刺激的反射行為。本能指行為模式較複雜的反射行為，例如，工蜂築巢、採花粉釀蜜，蜘蛛結網，動物的遷徙、冬眠以及各種繁殖行為等。

有關動物行為的主要發現之一是動物可以在從來沒有經驗過的情況下，表現出許多先天賦予的行為。在依靠本能方面，意謂著該行為完全受到遺傳基因的控制。雖然任何的行為模式都具有遺傳的基礎，但也受到生活經驗與學習的影響。基因提供生物體的規劃，但此規劃在執行時，也受到環境的影響而加以修改。而無脊椎動物較常使用本能行為（趨性與反射），脊椎動物較常使用學習行為。

小博士解說

生物的行為（Behavior）分為本能行為和習得行為。通常，低等動物和植物、微生物等生物的行為基本上是本能行為，而高等動物和人類既有本能行為，也有習得行為。

行為本能主要包括：（1）趨性（Taxis）和向性（Tropism）；（2）反射（Reflex）和本能（Instinct）。

本能行為如同自主性反射（Autonomic Reflex），因為一個物種在相同的環境之下，都會進行相同的程序。在人類之中，膝蓋關節在受到木槌的敲擊時，會產生特殊的小腿反射（Jerks）動作。

相關研究已經充分證實，人類之間的語言差異完全是天生能力的學習行為。

行為本能

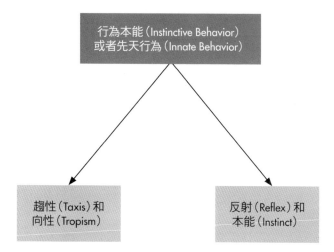

＋ 知識補充站

　　生物的行為（Behavior）分為本能行為和習得行為。通常，低等動物和植物、微生物等生物的行為基本上是本能行為，而高等動物和人類既有本能行為，也有習得行為。

　　多數的行為是遺傳與環境互動之影響所造成的，此種基本行為是天生的，而學習任何語言的能力，是在一個特定的環境下，由人類基因組所運作，而產生複雜的大腦功能。

　　今天我們所知道的任何行為模式都具有遺傳的基礎，基因提供生物體的一項規劃，但是此種規劃也會受到環境的影響所修改。例如，幼鷗（Gull）在親代喙部上啄動誘請喂食。

2-8 環境與行為

　　不論是本能行為還是習得行為，都會受到遺傳因素和環境因素的共同影響，但是環境因素影響上述兩類行為的方式卻有明顯的區別。

　　對於本能行為而言，特定的環境因子可以作為符號刺激（Sign Stimulus）或者引發因子（Releasor）來啟動本能行為，而某種本能行為一旦經過啟動，就會按照固定的模式一步接一步循序漸進地完成。

　　例如，一種野鵝（Graylag Goose）具有彎曲的脖子，將滾出巢穴的蛋，運用喙撥著一步一步滾回巢穴內的本能行為，巢穴附近的蛋或者網球、罐頭盒等有點像蛋的物體也都是啟動這種本能行為的引發因子，它也會像撥一隻蛋一樣輕柔地將一顆網球緩緩撥回巢穴中。

　　一旦起始這種行為，即使有人再把拿走，這隻鵝仍將繼續認真地一次一次輕撥那個已不復存在的「蛋」，直到將想像中的那隻「蛋」撥回巢穴中為止。除了此種以實際的物體作為引發因子之外，自然環境中溫度的變化或者日照長度的變化等也常常是啟動很多動物遷徙或者冬眠行為的引發因子。

　　對於學習行為而言，環境具有更為深遠的影響力。例如，一種白冠雀（White-Crowned Sparrow）的雄鳥在繁殖季節唱一種特別的「歌」。行為學家馬勒（P. Marler）發現，不同地帶的此種鳥類使用不同的「方言」（Dialects）來唱歌。他進一步做研究發現，小雄鳥在孵出之後 10~50 天這一敏感時期內，常常聽成年雄鳥的歌聲，而其成年之後會具備唱歌的能力。將幼鳥隔離飼養時，如果在敏感期時，不讓它聽同種成鳥的歌聲，則它長大之後便不具備正常的歌唱能力。

　　如果在敏感期內讓它同時聽同種成鳥和其他鳥歌聲的錄音，它長大之後則會具有正常的歌唱能力，甚至學會了播放同種鳥歌聲的「方言」。

　　對於鳥類學歌的相關實驗研究證實，學習能力在相當程度上受到遺傳因素的控制，例如，白冠雀能夠選擇性學會同種鳥類的歌，但是唱歌這種行為必須在特定環境條件下的學習流程中才能獲得，如果不好好地學習就不能學會此種行為。人類的語言學習和其他各種習得行為受到環境影響匪淺也是眾所周知的。

小博士解說

　　對於本能行為，特定的環境因子可以作為符號刺激（Sign Stimulus）或者引發因子（Releasor）來啟動本能行為，而某種本能行為一經啟動，就會按照固定的模式一步接一步地完成。對於學習行為，環境具有更大的影響力人類的語言學習和其他各種習得行為受到環境的影響匪淺也是眾所周知的。

不論是本能行為還是習得行為，都會受到遺傳因素和環境因素的共同影響

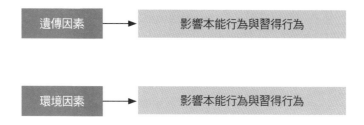

野鵝取回離巢穴蛋的本能行為

（授權自CAN STOCK PHOTO）

✚ 知識補充站

　　一種野鵝（Graylag Goose）具有彎曲著脖子將滾出巢穴的蛋，運用喙撥著一步一步滾回巢穴內的本能行為，巢穴附近的蛋或網球、罐頭盒等有點像蛋的物體也都是啟動這種本能行為的引發因子，它也會像撥一隻蛋一樣輕柔地將一顆網球緩緩撥回巢穴中。

　　一旦起始這種行為，即使有人再把拿走，這隻鵝仍將會繼續認真地一次一次輕撥那個已不復存在的「蛋」，直到將想像中的那隻「蛋」撥回巢穴中為止。

　　除了這種以實際的物體作為引發因子之外，自然環境中溫度的變化或者日照長度的變化等也常常是啟動很多動物遷徙或者冬眠行為的引發因子。

2-9 生存行為的適應性及其演化

（一）攝食行為

　　生物為了生存就必須攝取食物。通常，能夠以最小的能量消耗和最小的風險得到最豐盛的食物的行為是最佳（Optimality）的攝食行為（Feeding Behaviour）。例如，生活在海岸邊的一種烏鴉取食一種海螺（Whelk），它首先在海灘邊從一些海螺中挑一個較大的，然後抓著海螺飛到高約 5 公尺處再丟下來，海螺砸在岩石上，如果砸碎了，它就吃掉海螺肉，反之，它會再重複砸幾次。行為學家的相關實驗結果證實，5 公尺是最合適的高度，丟 3~5 次可以砸碎絕大多數的海螺。飛得太低則不容易砸碎海螺，飛得太高則會浪費能量，而且有被其他烏鴉搶食的風險。烏鴉雖然不懂得精打細算，但是天擇有利於那些採用正確行為方式的烏鴉來繁殖更多的後代。而長期演化的結果便形成了最為合適的取食行為方式。捕食者需要演化出相應的獵食行為（Hunting Behaviour）才能獲得生存所需的食物。例如，獅、獵豹等除了爪牙尖利之外，短跑能力往往勝過多數獵物。由於捕食者常常採用偷襲和族群圍捕等策略，因此肉食動物的大腦通常比其獵物的大腦更為發達。

（二）避敵的防衛行為

　　生物生存不僅依賴於獲取食物，同時需要盡可能避免使自己變成其他生物的食物。因此，生物演化出多種多樣的警戒、逃跑，躲藏等避敵（Avoiding Predator）行為。當小火雞發現上空有飛行的老鷹時，會立即葡匐在地面不動，這種警戒反應狀態直到天敵飛走後還保持一段時間。

　　生活在大草原的食草動物（例如，鹿、斑馬、羚羊以至於兔等）大都善於跑動，它們常常和肉食動物彎獅、獵豹等保持一定的距離，一旦發現捕食者靠近，會立即逃跑。但是保持距離也不是越大越好，因為距離過大意味著放棄大量的草食資源。有些動物甚至演化出一種特別的避敵行為，稱為招引追逐表演（Pursuit Invitation Display）。例如白尾鹿善於跑，當遇到捕食者時並不立即逃跑，而只是豎起白尾巴，就知道想追捕它徒勞無益。

　　動物當逃避不能奏效時，為了保衛自己以及後代，常常需要演化戰鬥。此種弱者對強者的戰鬥以社會性防衛行為（Defence Behavior）最為成功，例如，麝牛（*Ovibos Moschatus*）群在面對捕食者時，成牛會站成一個圈，將幼弱的小牛圍在中間，捕食者面對無懈可擊由鋒利的牛角所構成的防衛圈，常常會無功而返。一些社會性昆蟲例如白蟻等，有專職的兵蟻來保衛其巢穴和族群。

小博士解說

　　生物各種行為的共同特色是具有適應性，即這些行為通常有利於生物的生存和繁殖。運用分析行為的適應值（Adaptive Value），有助於進一步瞭解生物行為在演化流程中是如何形成的。

生存行為的適應性及其演化

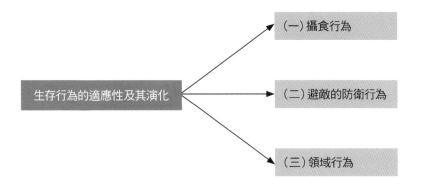

烏鴉砸碎海螺的取食行為

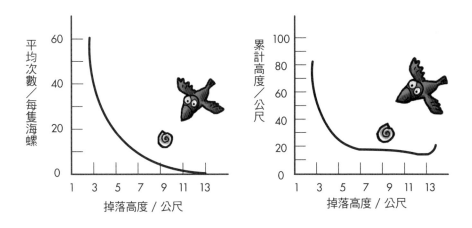

✛ 知識補充站

領域行為

　　每種生物都有自己的生存活動空間，動物會以個體、家庭或者族群為單位，守衛其生活區域的一部分，阻止同一物種的侵略者進入這一領域，稱為領域性（Territoriality）。

　　通常肉食動物有較大的領域範圍，所謂「一山不容二虎」就是指這種領域行為。領域都有明確邊界，一些鳥類常常從一棵樹飛到另一棵樹來巡視自己的領域。動物在保衛自己領域的戰鬥中會表現出超常的戰鬥力，因此通常動物會迴避進入同種其他個體或者族群的領域，以避免多半會以失敗告終的戰鬥。領域行為對於控制族群密度，促進族群的穩定和抑制過度的侵略性對整個物種具有重大的意義。

2-10 配偶選擇和性行為

在群居生物中，雌雄性動物配子大小和數量的懸殊差異對兩性的配偶選擇（Mate Selection）具有重要的影響。通常，雄性動物為爭奪更多數量的雌性配偶相互競爭，而雌性動物選擇優異的雄性個體作為其後代的父親，即存在雄性追求配偶的數量，雌性追求配偶的素質的傾向。

在群居的動物中，通常在雄性個體之間存在性內選擇（Intrasexual Selection）。不同個體的社會優勢等級（Dominance Hierarchy）地位不盡相同。地位較高的雄性擁有優先交配的特權。例如，雌性海牛遇到雄海牛試圖交配時會本能地發出尖叫聲，如果這隻雄海牛地位較低，它很可能會被聞聲而來而較高地位的雄海牛所攔走。有人對一個小島上一群海牛中 10 隻雄性個體，在整個繁殖季節的交配行為做了相關統計，其結果是地位最高者獨占了 40% 的交配次數，居第二位的雄海牛交配次數占近 20% 左右，而其他雄性個體僅占有約 5% 左右。性內選擇原則較為簡單，凡是能夠導致雄性在競爭中獲勝的性狀就是有利的，例如較大的軀體或較大的角，較高的雄激素水準和攻擊行為（Aggressive Behaviour）等。植物中也存在著類似的性內選擇，花粉量大的親本繁殖成功率較高。因此，雄花的數量通常比雌花多。

配偶選擇也可能有性間選擇（Intersexual Selection），通常是由雌性從相互競爭的雄性個體中選擇交配的對象。例如，蝎蛉（Hangingfly）的一些種的雄性捕獲昆蟲獻給交配對象食用，雌性偏愛能提供較大食物的雄性，在它吸食約 5 分鐘後允許雄性交配，這樣先前配偶的繁殖成功率就降低了。雌性通常根據一些特定的目標性狀，選擇它認為能夠提供「最好」基因的雄性交配，以利於其後代更好地生存，但有時這種選擇傾向偏離適應性並且逃跑（Run Away）。例如，雌孔雀偏愛炫耀性狀突出的雄孔雀，因此這類雄性個體的繁殖更成功，而它們的女兒受遺傳影響又加強了對這種炫耀特色的偏愛，不斷強化的這種性選擇壓力使炫耀性狀的演化失控，以致雄孔雀美麗的長尾羽逐步變成了一個沉重的拖累。生物界也存在少數主要由雄性選擇雌性的物種，一般是在雄性親本投資較大的物種，例如，海馬科（Syngnathidae）動物等主要由雄性孵育後代的物種。

小博士解說

早期人類亦曾長期處於母系社會階段，因此人類特殊的性行為和性生理的演化，可能來源於對早期人類社會族群的適應性變異。

一個小島上一群海牛中10隻雄性個體，在整個繁殖季節的交配行為之相關統計

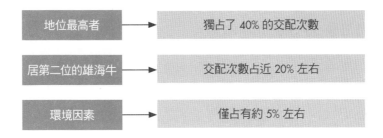

地位最高者	→	獨占了 40% 的交配次數
居第二位的雄海牛	→	交配次數占近 20% 左右
環境因素	→	僅占有約 5% 左右

蝎蛉的交配行為

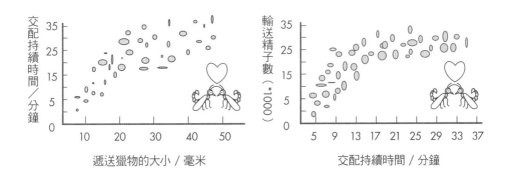

縱軸（左圖）：交配持續時間／分鐘　橫軸：遞送獵物的大小／毫米

縱軸（右圖）：輸送精子數（1000*）　橫軸：交配持續時間／分鐘

✚ 知識補充站

蝎蛉（Hangingfly）的一些種的雄性捕獲昆蟲獻給交配對象食用，雌性偏愛能提供較大食物的雄性，在它吸食約 5 分鐘後允許雄性交配，這樣先前配偶的繁殖成功率就降低了。雌性通常根據一些特定的目標性狀，選擇它認為能夠提供「最好」基因的雄性交配，以利於其後代更好地生存，但有時這種選擇傾向偏離適應性並且逃跑（Run Away）。

生物性行為的目的是繁殖後代。幾乎所有動物都是在特定的較短的發情交配期完成交配行為。性行為與生殖密切相關。然而，人類性行為是一個明顯的例外，沒有明顯的發情交配期限制，性行為比其他高等動物包括多數靈長目動物更頻繁，不完全與生殖相關。關於人類獨特的性行為和性生理的起源，近年透過對生活在非洲的侏儒黑猩猩（P. Paniscus）的研究已獲得一些線索。

侏儒黑猩猩與我們較熟悉的黑猩猩也沒有明顯的發情交配期限制，成年個體之間性行為非常頻繁，但生育率卻很低，通常 5~6 年才生產一隻。據認為，侏儒黑猩猩這種性行為，有利於維繫其以雌性為中心的社會族群內和諧穩定的關係。早期人類亦曾長期處於母系社會階段，因此人類特殊的性行為和性生理的演化，可能來源於對早期人類社會族群的適應性變異。

2-11 通訊的方式（一）

動物採用多樣化的訊號交流資訊，這些訊號的類型包括：

（一）費洛蒙（Pheromone）

最早的感覺系統是對微量化學物質作出反應。大多數動物都演化出利用分泌微量訊息化學物質（即費洛蒙），作為同物種不同個體之間資訊交流的方式。例如，蜂王分泌的產生抑制工蜂性腺發育等功能的蜂王物質，以及各種昆蟲分泌的性吸引素等。昆蟲的觸角、動物和人的鼻子等嗅覺器官都能接受和感知相應的各種費洛蒙。

例如，雄性小老鼠（Mice）會製造出一種物質來改變雌鼠的生殖週期，當雌、雄小老鼠第一次放在同一個籠子中，原來已懷孕的雌鼠將會因為雄性小老鼠釋放出此一物質而流產，使她得以與新的配偶重新受孕。另外，處於擁擠環境的雌鼠在動情期（Estrus）時，會出現零亂的現象，甚至導致停經。在上述的兩種情形中，若將嗅球（Olfactory Lobes）取出來，則不會出現上述的情況。

（二）視覺訊號（Visual Signal）

在夏天夜晚，鄉間常見星星點點飛舞的螢火蟲（Firefly）中，不同物種螢火蟲的閃光節奏模式各不相同，用於交流通常只有同類能懂的視覺訊號。但有些肉食性螢火蟲卻能模擬其他螢火蟲的訊號，以此誘捕其他螢火蟲。鳥類求偶舞蹈（例如孔雀開屏）等，也是透過視覺訊號來爭取配偶。一些動物常常僅靠張牙舞爪的視覺訊號的威懾就能嚇退進入其領域的入侵者，從而避免一場戰鬥的代價。人類利用視覺訊號交流資訊的方法包括常用的手勢、表情，以及利用各種視覺媒體例如，文字、旗語、訊號燈、傳真、電視等。絕大多數動物和人以專用的視覺器官：眼睛來接受視覺資訊。

而視覺溝通（Visual Communication）包括許多表徵的刺激（Sign Stimuli）。例如，雄鳥與雌鳥有時會呈現出顏色的變化來表示牠們已準備交配。雌性狒狒的臀部肉塊泛紅表示牠們目前正處於動情期。

小博士 解說

訊號的類型包括：
（1）費洛蒙（Pheromone）
（2）視覺訊號（Visual Signal）
（3）聽覺訊號（Acoustical Signal）
（4）觸覺訊號（Tactile Signal）
（5）聲納（Sona）系統

通訊的方式

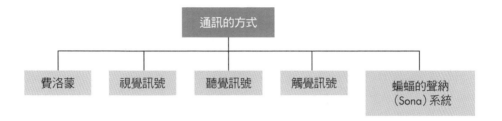

除了上述四類較為普遍的通訊方式之外，有些動物演化出獨有的資訊系統，例如蝙蝠的聲納（sona）系統。蝙蝠利用發射超音波和接收被物體反射回的超音波，可在黑暗中感知同類、獵物和天敵的活動以及環境的情況。
動物採用多樣化的訊號交流資訊，這些訊號的類型如上圖所示。

一隻發光的螢火蟲就好像一座萬家燈火的城市，集結了許多小光源。
（授權自CAN STOCK PHOTO）

✚ 知識補充站

　　生物的行為（Behavior）分為本能行為和習得行為。通常，低等動物和植物、微生物等生物的行為基本上是本能行為，而高等動物和人類既有本能行為，也有習得行為。

　　多數的行為是遺傳與環境互動之影響所造成的，此種基本行為是天生的，而學習任何語言的能力，是在一個特定的環境下，由人類基因所運作，而產生複雜的大腦功能。

　　今天我們所知道的任何行為模式都具有遺傳的基礎，基因提供生物體的一項規劃，但是此種規劃也會受到環境的影響所修改。例如，幼鷗（Gull）在親代喙部上啄動誘請餵食。

2-12 通訊的方式（二）

（三）聽覺訊號（Acoustical Signal）

許多動物都能發出聲音，用於交流該物種特有的訊息。從蟋蟀叫聲、青蛙鳴聲、鳥兒的歌聲，到獅、虎的吼聲，分別表現了諸如吸引配偶、捍衛領域等各種聽覺訊號。人類語言是最複雜的聽覺訊號，可用於交流各種訊息，人類還利用聽覺訊號媒體，例如，電話、無線電廣播通訊等進行資訊交流。動物和人用耳朵等聽覺器官接受聽覺訊息。

聽覺溝通（Auditory Communication）比化學溝通快，它能在黑暗中做傳達與接收的工作。而住在密林中的鳥兒們，其聲音刺激比視覺刺激更為重要，因為視線常常會受到阻礙。

（四）觸覺訊號（Tactile Signal）

在社會性昆蟲，例如，螞蟻、蜜蜂族群中，不同個體透過身體接觸傳遞和感知的訊號是一種重要的通訊方式。很容易觀察到兩隻螞蟻用觸角相互接觸之後，馬上改變行動方向的現象。這是因為它們傳遞或接受了諸如發現食物之類的新資訊。人類握手、擁抱等也是利用觸覺訊號傳遞資訊的方式。

觸覺溝通（Tactile Communication）會發生一隻動物與另一隻動物相互接觸時。例如，幼鵝啄動親代的喙部會提醒親代來餵食牠們。在靈長目之中，刷飾（Grooming）：動物之間互相清理皮毛的行為，會增進族群之間的社交親蜜度。

小博士解說

訊號的類型包括：
（1）費洛蒙（Pheromone）
（2）視覺訊號（Visual Signal）
（3）聽覺訊號（Acoustical Signal）
（4）觸覺訊號（Tactile Signal）
（5）聲納（Sona）系統

通訊的方式

通訊的方式

觸覺訊號　　　聽覺訊號

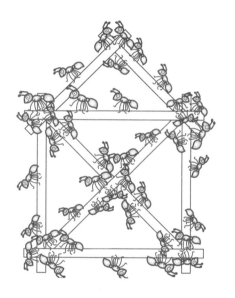

螞蟻群集智慧最驚人的透視力為：複雜的集體
行為可由個體依循簡單的規則而突現。

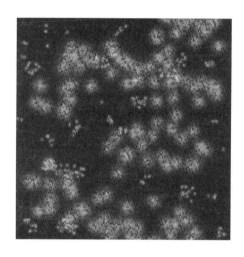

當數百萬個尾巴細胞集體發光時，可以提高螢火蟲
的交配機率，繁衍更多的後代（授權自CAN STOCK
PHOTO）。

2-13 文化演化與生物演化的比較

　　文化演化（Cultural Evolution）指人類社會文明的發展變化流程，也可以看成是人類創造文化這種複雜社會行為的演化。文化演化是建立在生物學演化基礎上的。只有在生物演化出現了智慧型生物之後，才可能出現文化演化。儘管近年來有一些研究證實，高等靈長類動物如黑猩猩等的社會中也存在簡單的文化演化現象，但複雜的文化演化現象主要存在於人類社會。

　　文化演化具有某些可與生物演化類比的特色（如右表），二者都可視為資訊系統。資訊的選擇累積流程也就是其演化流程。文化演化以語言、文字等作為文化資訊的載體，類似於生物演化以 DNA 作為遺傳訊息的載體；文化的創造發明類似於生物的遺傳變異，文化交流類似基因重組；文化的隨機變化導致各地區方言、民俗等文化性狀（Cultural Trait）的分化，相當於生物的遺傳漂變導致生物性狀的分化；文化資訊可透過學習和教育傳遞給其他個體，而生物可以透過生殖將遺傳資訊傳遞給後代個體。

　　但文化演化在幾個重要層面與生物演化不同：

　　（1）文化演化是直接針對性狀本身作選擇，而不是針對擁有這種性狀的個體的生存適應和繁殖成功率演化選擇。例如，小汽車取代馬車，是因為人類認為小汽車效率更高而直接選擇它，並不是因為開汽車者，比趕馬車者有更多後代。

　　（2）人類文化通常以文化自身的價值觀選擇文化性狀，文化性狀的選擇通常不受客觀環境的嚴格制約。有些文化性狀，例如，中國封建社會時期婦女的纏足和現代人的吸菸等，是不利於生存適應性的行為。

　　（3）兩種演化最重要的區別也許是，拉馬克的獲得性狀演化原理可能只適用於文化演化。生物的獲得性遺傳迄今缺乏毫無爭議的確切證據，但文化性狀可以獲得性傳播卻是事實，一個體獲得的文化資訊不僅可以傳給他的後代也可以傳給其他人，現代通訊技術的發展更是極大地提高了這種傳播的速度。

　　（4）文化性狀能以比生物演化快得多的速度發生變化，一個世代就能發生範圍廣泛的各種文化變化。

小博士解說

　　文化演化在幾個重要層面不同於生物演化：

　　（1）文化演化是直接針對性狀本身作選擇，而不是針對擁有這種性狀的個體的生存適應和繁殖成功率演化選擇。

　　（2）人類文化通常以文化自身的價值觀選擇文化性狀，文化性狀的選擇通常不受客觀環境的嚴格制約。

　　（3）兩種演化最重要的區別也許是，拉馬克的獲得性狀演化原理可能只適用於文化演化。

　　（4）文化性狀能以比生物演化快得多的速度發生變化，一個世代就能發生範圍廣泛的各種文化變化。

生物演化與文化演化的比較

	生物演化	文化演化
資訊載體	DNA	語言、文字等
資訊傳遞	透過生殖和遺傳縱向傳遞給後代	透過教育和學習縱、橫向傳遞給他人
變異來源	基因突變、染色體變異、基因重組、基因遷移	科技、藝術的創造發明文化交流與融合
演化機制	天擇、遺傳漂變	文化價值選擇、隨機變化
適應方式	改變生物性狀以適應環境	改變環境適應人類需要
隔離效應	形成物種的多樣性	形成文化多樣性
演化速度	緩慢	快速

文化演化與生物演化的不同之處

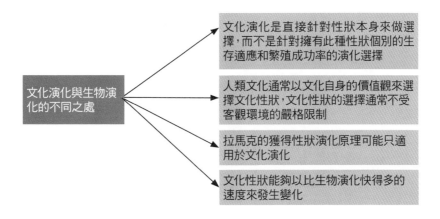

文化演化與生物演化的不同之處

- 文化演化是直接針對性狀本身來做選擇，而不是針對擁有此種性狀個別的生存適應和繁殖成功率的演化選擇
- 人類文化通常以文化自身的價值觀來選擇文化性狀，文化性狀的選擇通常不受客觀環境的嚴格限制
- 拉馬克的獲得性狀演化原理可能只適用於文化演化
- 文化性狀能夠以比生物演化快得多的速度來發生變化

✚ 知識補充站

　　文化演化以語言、文字等作為文化資訊的載體，其類似於生物演化以 DNA 作為遺傳訊息的載體；文化的創造發明類似於生物的遺傳變異，文化交流類似於基因重組；文化的隨機變化導致了各地區方言、民俗等文化性狀（Cultural Trait）的分化，相當於生物的遺傳漂變導致了生物性狀的分化；文化資訊可以透過學習和教育而傳遞給其他個體，而生物可以透過生殖作用，將遺傳資訊傳遞給後代個體。

生物的演化多彩多姿(授權自CAN STOCK PHOTO)

第3章
生物的演化

　　我們生活在一個二十一世紀生物學的黃金時代，對於生命演化的探討從中沒有像目前如此激動人心。地球上多樣化的生物是如何從最早的微生物演化而來，此問題困擾了人類相當長的歲月，演化論將會引領我們逐步地揭開此種神秘的面紗。

3-1 生命的演化

（一） 演化的角度

　　從演化的角度來看，生命好比一條訊息的漫漫長路。訊息在源頭起始之後，分成無數的歧路支流散出去，然後又匯聚成無數種變化多端的組合。在代代相傳的流程中，訊息會從這個個體流到下一個個體，一路上指揮著嶄新個體的成形與組合。每一個個體的成功將決定它所攜帶訊息的命運。訊息在往下游流動的流程中，會經過一些萃取（Extraction）與篩選（Selection）的程序，把最實用的部分繼續傳給下一代，這種選擇性的訊息流動，說穿了就是演化機制（Evolution Mechanism）。

（二） 演化的主要機制：天擇

　　演化的主要機制：天擇（Natural Selection），嚴格說起來包括兩個步驟：即機會（Chance）和選擇（Selection）。「機會」指的就是一個族群中的訊息總量（即基因庫），會產生隨機的變化；「選擇」則是指非隨機性地去蕪存菁。所謂「取其菁華」的物種，就是指那些對生存與繁衍後代有貢獻的物種。

　　機會與選擇總是相輔相成，互相合作而完成天擇功能。大自然會改變基因庫中的訊息；基因訊息的變化會改變生命的形式；生命的形式又會與環境互動（Interaction）；最後，環境將選擇最有利於該生命形式生存的變化（Variation）。於是，成功的變化被保留下來，並有機會加以持續改善（Continuous Improvement），這可以證實為何我們周遭的一切生物，似乎都很能適應它們所處的環境，即適者生存（Survival for the Fittness）。不論各種動植物或礦物，都算是演化流程中成功的實例。你知道嗎？地球上所有曾經存在過的生物中，超過 99% 種皆已經滅絕（Extinction）了！

　　機會加上選擇，形成了各種創意表現的基礎。機會造就新的事物：一種嶄新、完全無法預料（Unpredictable）的結果。選擇則專門篩檢那些可以與現況吻合的創新（Innovation）。機會與選擇在一起運作之後，可以產生能夠充分適應環境的驚人結果，就好像事先量身訂做（Customization）的極品那樣。不過我們知道演化可能會帶來非常複雜的結果，所以它不會、也不可能具有事先計畫好的目標。

小博士解說

　　從演化的角度來看，生命好比一條訊息的漫漫長路。演化的主要機制：天擇（Natural Selection），嚴格說起來包括兩個步驟：即機會（Chance）和選擇（Selection）。「機會」指的就是一個族群中的訊息總量（即基因庫），會產生隨機性的變化；「選擇」則是指非隨機地去蕪存菁。所謂「取其菁華」的物種，就是指那些對生存與繁衍後代有貢獻的優良物種。

　　演化是生物界的基本特色，生物的演化經歷了一個由簡單到複雜、由低級到高級的長期發展流程。現存的生物都是由過去的生物演化而來的，並且每一種現存的生物都大體能適應環境。這些事實已獲相關研究證實，例如比較解剖學、胚胎學、生物化學與分子生物學都為生物演化理論提供了相當有力的證據。

（一）演化機制的程序

演化機制的程序

萃取（Extraction）　篩選（Selection）

（二）演化的主要機制天擇的兩個步驟

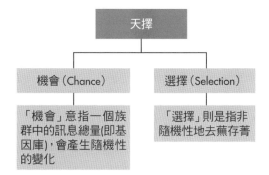

天擇

機會（Chance）　選擇（Selection）

「機會」意指一個族群中的訊息總量(即基因庫)，會產生隨機性的變化

「選擇」則是指非隨機性地去蕪存菁

地球早期生命起源廣泛涉及生命科學中許多亟待解決的重大疑難問題。（授權自 CAN STOCK PHOTO）

＋ 知識補充站

　　每一個個體的成功將決定它所攜帶訊息的命運。訊息在往下游流動的流程中，會經過一些萃取（Extraction）與篩選（Selection）的程序，把最實用的部分繼續傳給下一代，這種選擇性的訊息流動，說穿了就是演化機制（Evolution Mechanism）。機會加上選擇，形成了各種創意表現的基礎。機會造就新的事物：一種嶄新、完全無法預料（Unpredictable）的結果。選擇則專門篩檢那些可以與現況吻合的創新（Innovation）。機會與選擇在一起運作之後，可以產生能夠充分適應環境的驚人結果，就好像事先量身訂做（Customization）的極品那樣。

3-2 拉馬克學說

　　1809 年，拉馬克（Lamarck）出版了「動物的哲學」一書。在此書中，他系統地闡述了他的演化學說。他認為生物的物種（Species）並不是固定的族群，而是由以前存在的物種衍生而來的。

　　他看到，在生物的個體發育中，因為環境不同，生物個體有相應的變異而跟環境相適應。

　　例如，年幼的樹木在密密麻麻的森林中，為了爭取陽光，就長得較高；多數鳥類善於飛翔，胸肌就發達了。

　　他提出了生物演化的兩個著名法則：一是「用進廢退」，二是「獲得性遺傳」。並認為這兩者既是變異產生的原因，又是適應環境的流程。環境條件的改變，首先會引起生物需求上的變化，進而引起行為上的變化。如果新的需要是經常的，那麼，一種動物由於若干世代中經常使用某個器官，就會使得該器官變得發達；反之，少用甚至不用某個器官，該器官就會逐漸退化以致於完全喪失，這就是用進廢退的原理。

　　由於環境影響或者用進廢退所獲得的變異性質，可以透過繁殖遺傳給後代，這就是獲得性遺傳。拉馬克列舉了一些例子來說明這兩個法則。

　　例如，生活在黑暗山洞中的盲鼠和洞穴中的魚，由於長期不用眼睛而失去視覺。最有名的例子是長頸鹿（Giraffe），拉馬克認為長頸鹿原來的頸並不長，只是因為其祖先生活在食物貧乏的環境中，必須伸長頭頸去吃高樹上的葉子，這樣就使其頸部和前肢慢慢地長了起來，如此一代代地積累下去，終於形成了現代的長頸鹿。

　　拉馬克的演化學說是第一個比較明確的演化理論，推翻了物種不變論，為達爾文的演化理論的產生作出了相當程度的支持與貢獻。

　　但是他所提出的用進廢退和獲得性遺傳，卻缺乏系統化的實驗證據。

小博士解說

　　拉馬克的演化學說是第一個比較明確的演化理論，推翻了物種不變論，為達爾文的演化理論的產生作出了相當程度的支持與貢獻。但是他所提出的用進廢退和獲得性遺傳，卻缺乏系統化的實驗證據。

　　拉馬克是第一位明確提出生物演化學說的人，雖然他的理論遭到了來自各方的嚴厲批判。但是他的理論奠定了達爾文演化理論的基礎。

拉馬克生物演化的兩個著名法則

長頸鹿的演化是天擇的結果

長頸鹿原本脖子短，無法吃到較高樹枝的葉子

為了設法吃到較高處的葉子，長頸鹿的脖子愈拉愈長，並遺傳此特質給下一代

✚ 知識補充站

拉馬克學說：拉馬克之「用進廢退」及「獲得性遺傳」理論

用進廢退學說是拉馬克所提出的兩大重要理論之一，拉馬克認為經常使用的器官比不經常使用的器官要來地更為發達，不經常使用的器官會逐漸退化，而且此種特質會遺傳。而獲得性遺傳理論即為生物的每一次變異，不管是獲得還是損失，都是由於環境的影響而產生並且遺傳給後代。根據此學說，雖然生物本身所具有的進步傾向為形成變異的原因，但是變異的方式卻是由外部環境的影響所決定的。不同的生物由於經常使用的器官不同，它們的變異也因此有所不同。

3-3 達爾文的天擇說

天擇學說是達爾文演化論的重點，歸納起來，該學說的主要論點是：

（一）變異（Variation）

達爾文（Darwin）認為一切生物都有產生變異的特性。引起變異的根本原因為生活條件的改變。在眾多的變異中，有的變異能遺傳，有的變異不能遺傳，只有廣泛存在的可遺傳的變異才是選擇的對象。但在當時他並不能區分可遺傳的變異和不遺傳的變異。

（二）繁殖過剩與生存競爭

達爾文發現，地球上的各種生物，普遍具有高度的繁殖率，都有依照幾何等比級數比率（Geometric Ratio Rate）增加的傾向。

達爾文指出，如果一株一年生的植物，即使一年只產生兩粒種子，20 年後，它也會有 100 萬株後代。人象是繁殖很慢的動物，但是如果一雌象一生（30~90 歲）可以生產 6 隻象，每一頭象都能夠活到 100 歲左右，而且都能繁殖，在 750 年之後就可有 1900 萬隻象。因此，按照理論上的計算，即使是繁殖最慢的動、植物，也會在不太長的時期內產生出大量個體而占滿整個地球。但事實並非如此。

為什麼？達爾文認為這主要是繁殖過剩引起生存競爭的緣故。任何一種生物在生活流程中都必須為生存而奮鬥。生存競爭包括生物與無機環境的競爭、種間競爭和種內競爭。

（三）天擇／適者生存
（Natural Selection/ Survival for the Fitness）

達爾文認為，在生存競爭中，那些對生存有利的變異會得到保存，而那些對生存有害的變異會被淘汰掉，這就是天擇，或者稱為適者生存。他認為，天擇流程是一個長期、緩慢、連續的流程。

由於生存競爭不斷地在進行之中，因而天擇也就會不斷地在進行之中，透過一代代的生存環境的選擇功能，物種變異被定位地朝向著一個方向累積，於是特質逐漸和原來祖先的不同了，這就是新物種產生的流程。由於生物居住的環境是多樣化（Diversified）的，加上生物適應環境的方式也是多樣化的，因此，就形成了生物界的多樣性。

小博士解說

達爾文認為，物種形成的主要因素為可遺傳的變異、選擇（包括天擇與人為選擇）與隔離。而天擇為推進自然界演化的關鍵性決定力量。

而達爾文演化論中關於可遺傳變異問題仍是一個懸而未決的問題。達爾文本人較為傾向於接受拉馬克所倡導的獲得性狀遺傳，認為環境所引起的變異可以遺傳。而生物學家魏斯曼則提出遺傳的種質與體質完全分離的觀點，他認為生活條件主管的是對體質發揮功能（獲得性），因而是不能遺傳的，只有種質發生了變化，才能遺傳給下一代。而孟德爾遺傳理論被認為是支持後一種觀點。被後來有關基因突變與遺傳重組的研究也有力地支持與發展了達爾文學說。

達爾文的天擇說

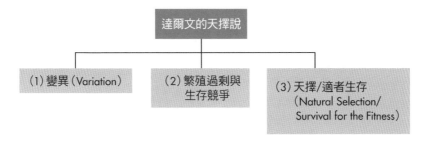

（授權自 CAN STOCK PHOTO）

✚ 知識補充站

演化的首要因素為突變，基因突變為生物可變性的基礎，若沒有可變性就沒有演化可言。其次為遺傳，所發生的突變可以遺傳下來，不同的突變可以透過遺傳而逐步累積，如此才能形成新的物種。生物與環境共生，生物演化與其生活環境密不可分，演化的結果導致適應。因此，生物演化為生物與其生活環境的互動中，遺傳系統隨著時間的推移而發生的一系列不可逆轉的改變，並導致其表現型的相應變化。

生物演化的核心觀念為「萬物同源」與「分化發展」，即老子「道德經」中的「道生一，一生二，二生三，三生萬物」的簡樸哲理。

達爾文演化的核心觀念為他在大量觀察證據的基礎上，經過精心構思所形成的天擇說。他在1859 年所發表的「物種起源論」一書中，運用令人信服的資料證實，物種是可變的。一個物種是由以前所存在的物種演化而來的。每一種族群乃於整個生物界皆具有共同的祖先。

3-4 現代整合演化論

　　現代整合演化論的主要內容有兩個層面，現代整合演化論是在達爾文的天擇學說、基因學說以及族群遺傳學的基礎上，整合生物其他相關學科的新成就而發展起來的，又稱整合性的演化理論。整合演化論的主要內容有下列兩個層面：

　　第一，認為族群（Population）是生物演化的基本單位。在一個族群中能進行生殖的個體所含有的全部遺傳資訊的總和，稱為基因庫（Gene Pool）。生物類型改變的遺傳依據就在於族群基因頻率的定位改變，演化是族群基因庫變化的結果。此與以往以個體為演化單位的演化學說有所區別。

　　第二，突變、選擇、隔離是物種形成和生物演化的機制（Mechanism）。突變包括染色體畸變和基因突變。突變是選擇的前提，突變為演化提供材料，透過天擇保留適應性變異，透過隔離、鞏固和擴大這些變異，從而形成新的物種。

　　現代整合演化論的代表作是美籍俄國科學家杜部贊斯基（T. Dobzhansky, 1900-1975）在 1937 年出版的「遺傳學與物種起源」一書。在 1942 年，英國生物學家赫胥黎（J. S. Huxley）首次將之稱為現代整合演化論。隨後，美國學者邁爾（E. Mayr）在物種概念方面，德國學者倫許（R. Rensch）在動物學方面都分別論述了一些演化的機制，以及杜部贊斯基在 1970 年所發表的另一論著「演化過程的遺傳學」，都強化與發展了現代整合演化論，使它很快地被多數的生物學家所接受，而成為現代演化生物學的顯學。

小博士解說

　　近半個世紀以來，由於分子生物學、分子遺傳學與族群遺傳學等新興科際整合學科的興起，對生物的演化問題提出了嶄新的見解。現代綜合演化論（Modern Synthetic Theory of Evolution）又稱為現代達爾文學說。它是將達爾文的天擇說與現代遺傳學、古生物學以及其他相關學科整合起來，用以闡明生物演化與發展的理論。

　　現代整合演化論的基本觀點為：

　　（1）基因突變、染色體畸變與透過有性雜交的基因重組為生物演化的材料。

　　（2）演化的基本單位為族群而非個體，演化起因於族群中基因頻率發生了重大的變化。

　　（3）天擇決定了演化的方向，生物對環境的適應力為長期天擇的結果。

　　（4）隔離導致了新物種的形成，長期的地理隔離常使得一個物種分成許多子物種，子物種在各自不同的環境下，進一步發生變異，就可能出現生殖隔離，從而形成新的物種。

　　邁爾在歸納現代整合演化論的特色中指出，它徹底否定了獲得性的遺傳，強調演化的漸進性，認為演化現象為族群現象，並且重新肯定了天擇的重要性。現代整合演化論繼承與發展了達爾文演化論，所以半個世紀以來皆居於主流地位。

　　現代整合演化學說認為生物演化的基本單位為族群而非個體，新物種的形成有三個階段：突變→選擇→隔離，由於長期的地理隔離，在天擇的運作下，形態、習性與結構進一步地分化，就可能出現生殖隔離，從而形成新的物種。物種的形成除了有漸進式的物種形成之外，還有爆發式物種形成，而後者往往是由染色體畸變而產生的。

現代整合演化學說的主要內容

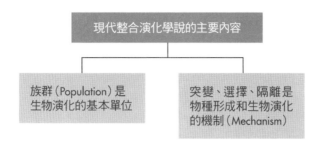

+ **知識補充站**

現代整合演化學說認為演化都是由突變與天擇所引起的。而某種生物族群中產生了一些微小的變異，經過天擇之後會留在族群中。此種流程會不斷地重複，從而產生新的物種（物種分化）。新的物種經年累月，就在物種的系統中不斷地演化（系統演化）。最後，完全演化成了另一種生物（大型演化）。

現代新達爾文學說是由德國生物學家魏斯曼所建立的，他認為生物的演化是由於兩性混合所產生的族群差異，經過天擇所造成的結果。此一學說特別強調變異與達爾文所提出的天擇在演化上的功能，故稱為新達爾文學說。

新達爾文學說的繼承者法蘭西斯•克里克（Francis Crick，1916年6月8日~ 2004年7月24日）和詹姆斯•杜威•華森（James Dewey Watson，1928年4月6日~）於1953年利用X射線晶體學（X-Ray Crystallography），提出了DNA雙螺旋結構（Double Helix）的分子模型，為基因遺傳學的研究開啟了一個新紀元。到1950年代，現代演化綜合理論（Modern Evolutionary Synthesis）發展出一個廣泛的共識：天擇中是演化的基本機制。現在達爾文科學發現的修正模式，是以統一的生命科學（Life Sciences）理論來解釋生命的多樣性（Diversity of Life）。

3-5 天擇導致生物演化

天擇學說是達爾文演化論的重點，歸納起來，該學說的主要論點是：

（一）變異（Variation）

達爾文（Darwin）認為一切生物都有產生變異的特性。引起變異的根本原因是生活條件的改變。在眾多的變異中，有的變異能遺傳，有的變異不能遺傳，只有廣泛存在的可遺傳的變異才是選擇的對象。但在當時他並不能區分可遺傳的變異和不遺傳的變異。

（二）繁殖過剩與生存競爭

達爾文發現，地球上的各種生物，普遍具有高度的繁殖率，都有依照幾何級數比率（Geometric Rate）增加的傾向。他指出，如果一株一年生的植物，即使一年只產生兩粒種子，20 年後，它也會有 100 萬株後代。大象是繁殖很慢的動物，但是如果一隻雌象一生（30~90 歲）產 6 隻象，每頭都活到 100 歲，且都能繁殖，750 年後就可有 1900 萬隻象。因此，按照理論上的計算，就是繁殖最慢的動、植物，也會在不太長的時期內產生出大量個體而占滿整個地球。但事實並非如此。為什麼？達爾文認為這主要是繁殖過剩引起生存競爭的緣故。任何一種生物在生活流程中都必須為生存而奮鬥。生存競爭包括生物與無機環境的競爭、種間競爭和種內競爭。

（三）天擇／適者生存
（Natural Selection/ Survival for the Fitness）

達爾文認為，在生存競爭中，那些對生存有利的變異會得到保存，而那些對生存有害的變異會被淘汰，這就是天擇，或叫適者生存。他認為，天擇流程是一個長期的、緩慢的、連續的流程。由於生存競爭不斷在進行，因而天擇也不斷地在進行之中，透過一代代的生存環境的選擇功能，物種變異被定位地向著一個方向累積，於是特質逐漸和原來祖先的不同了，這就是新物種產生的流程。由於生物居住的環境是多樣化（Diversified）的，加上生物適應環境的方式也是多樣化的，因此，就形成了生物界的多樣性。

小博士解說

例如，犬科動物中，透過千年的馴養，飼養的狗發生了很大的變異，這是人工選擇的結果。

達爾文提出，在相對短的時間內（幾百年或幾千年），人工選擇便產生了效果，而經過幾百或幾千代天擇，也必然會改變物種的一些特色和性質，即造成可遺傳性狀變化的累積，按照不同方向變化和差異累積到相當的程度，最終將導致新物種的出現。

例如，由一個早先共同的犬類祖先經過長期的天擇，產生出 5 種犬科動物。

五種犬科動物

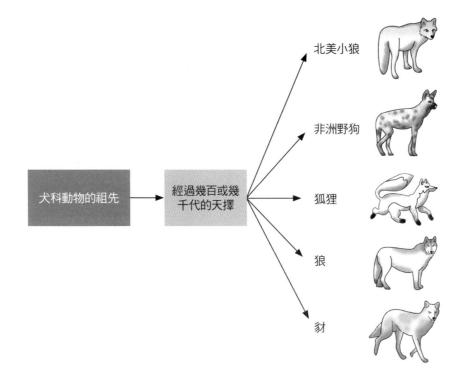

犬科動物的祖先 → 經過幾百或幾千代的天擇 →

北美小狼

非洲野狗

狐狸

狼

豺

✚ 知識補充站

　　生物演化是指地球上的生命從最初最原始的形式經過漫長的歲月變異演化為幾百萬種形形色色生物的流程。達爾文稱演化為隨著變異而演化，或隨著時間推移生物體發生了可遺傳的變化，而變化的發生是由於生物適應環境結果，即天擇（Natural Selection）產生了關鍵性的功能，所謂天擇實質上是自然環境導致生物出現生存和繁殖能力的差別，一些生物生存下去，另一些生物被淘汰。天擇的理論是達爾文演化論的核心，它解釋了生物演化的機制。因此，所謂的達爾文學說包含了兩個層面的基本含義：

　　（1）現代所有的生物都是從過去的生物演化來的；

　　（2）天擇是生物適應環境而演化的原因。

　　達爾文天擇的理論既簡單又很深刻。按照該理論，自然界各種生物適應環境生存和繁殖的能力各不相同，那些最適應環境的生物具有最大的繁殖力和生存力，在競爭生存空間或賴以生存的自然資源時，那些對環境適應差的生物個體便會逐漸被淘汰。如此一代一代的競爭，必將導致生物族群可遺傳特色在有利於生存競爭的前提下累積下來，隨著環境的變化而演化。

　　人們馴養動物和培育植物的流程是一種人工選擇，達爾文從人工選擇的結果中也獲得了有說服力的證據。那些飼養的動植物與自然繁殖種類相比，隨著時間延伸差異會越來越大。

3-6 長頸鹿的演化是天擇的結果

　　生物性質和特色的變化往往是環境和遺傳互動的結果，在生物世界中，透過天擇生物更加適應環境的例證非常多。

　　例如，生長在不同環境背景下的螳螂等昆蟲，為了不被其他鳥類所捕食，便演化出與環境背景相類似的偽裝保護色。

　　長頸鹿是經過天擇而演化的最典型例證。最初在食物繁盛而長頸鹿數量較少時，每一個長頸鹿都可獲得足夠的食物-樹葉。長頸鹿大量繁殖增加了數量，較矮的樹木和較高樹下半部的樹葉首先被吃光了。

　　那些脖子較短的鹿由於吃不到高樹上部的樹葉而死亡，脖子較長的鹿，這時能吃到高大樹上半部的樹葉，在生存競爭（Survival competition）中存活下來並繁殖出較長脖子的後代。天擇的結果造成脖子越長的鹿生存力越強，繁殖出的後代存活率也越大。這種可以遺傳的長頸特質，在天擇的運作下逐代累積，於是便有了長頸鹿的演化。

小博士 解說

　　最有名的例子是長頸鹿（Giraffe），拉馬克認為長頸鹿原來的頸並不長，只是因為其祖先生活在食物貧乏的環境之中，必須伸長頭頸去吃高大樹上的葉子，這樣就使其頸部和前肢慢慢地長了起來，如此一代代地累積下去，終於形成了現代的長頸鹿。

　　長頸鹿是經過天擇而演化最典型的例證。最初在食物繁盛而長頸鹿數量較少時，每一個長頸鹿都可獲得足夠的食物-樹葉。長頸鹿大量繁殖增加了數量，較矮的樹木和高樹下半部的樹葉首先被吃光了。那些脖子較短的鹿由於吃不到高樹上部的樹葉而死亡，脖子較長的鹿，這時能吃到高大樹上半部的樹葉，在生存競爭（Survival Competition）中存活下來並繁殖出長脖子的後代。

　　天擇的結果造成頸越長的鹿生存力越強，繁殖出的後代存活率也越大。這種可遺傳的長頸特質，在天擇的運作下逐代累積，於是便有了長頸鹿的演化。

　　以長頸鹿的「長頸」為例，依照達爾文的演化論，透過變異導致個別長頸鹿的脖子變長，經過選擇淘汰，長脖子更有利於生存，因此脖子較長的長頸鹿就存活了下來，長此以往，所有的長頸鹿都是長脖子；而貝特森則認為，長頸鹿的脖子是由於突變而突然變長的。之後，人們接受了貝特森的觀點，並著手於突變的實際實驗。

長頸鹿的演化是天擇的結果

長頸鹿原本脖子短，無法吃到較高樹枝的葉子

為了設法吃到較高處的葉子，長頸鹿的脖子愈拉愈長，並遺傳此特質給下一代

✚ 知識補充站

達爾文學說

1.最初的長頸鹿有長頸和短頸之分，一開始樹葉多得吃不完，而每隻長頸鹿都可以得到充足的食物。

2.由於長頸鹿的大量繁殖，較矮的樹果和高樹下面的葉子首先被吃光。

3.於是，脖子較短的鹿吃不到較高的葉子，而脖子較長的鹿卻能夠吃到高處的葉子。

4.最後，脖子較短的鹿死亡，而脖子較長的鹿存活下來，其繁殖出後代的存活率也較高。

3-7 拉馬克與達爾文觀點的最根本差異

　　古早人在說到生命的起源，總是推崇生命是上帝創造的，這種絕對的神創論，一直到拉馬克提出演化論點之後，才開始鬆動。拉馬克也因為把人類的思考判斷，從盲目的信仰導向探求事物的原因與關連，而值得我們讚揚。拉馬克的觀點認為：物種會隨著時間改變，且所有的生物都是彼此相關的。這基本上可說是第一個明白闡述的演化理論。

　　拉馬克最著名的是提出「後天特質會遺傳」的理論（現在已經遭到屏棄）。他認為一個生物個體的後天經驗可以遺傳到下一代身上；如果個體很努力地追求某種他想要的東西，他的小孩將遺傳到親代後天努力付出，所得到的果實。

　　達爾文頗為認同拉馬克論點中指出的「物種會改變」以及「物種彼此相關」。這些觀念恰好與他自己的理論不謀而合：也就是小變化的累積，可以造成重大的變化。

　　儘管達爾文無法解釋為何生物會產生變異（當時遺傳學尚未萌芽），且也不排除後天特質會遺傳的可能性，但是很肯定演化的動力並不是來自於生物的主觀意願。生物就是持續地在改變，在發生改變之後，而那些恰巧變得比較能適應環境的生物，將繁殖出較多的子代，所以這一支生物會存活下來，而愈來愈興旺發達。

　　拉馬克和達爾文的觀點最根本的差異在於，一位認為演化是有目的的設計，另一位認為演化並無任何目的性可言。儘管拉馬克認為物種會改變，他終究無法把「注定會發生」這樣的觀點拋到演化論之後。達爾文則將「天擇」視為一股強大的力量，天擇毫無目的與方向，卻創造出有計畫目標的幻象（Illusion），其實天擇保留下來的是那些恰巧能夠適應環境的變異個體。

　　毫無疑問的，達爾文學說戰勝了拉馬克學說。過去 50 年來所累積的證據，已牢牢地建立起此種概念：生物系統中的訊息是以單一方向流動的，也就是從 DNA 流向 RNA，再流向蛋白質；任憑環境如何變遷，也不可能有什麼辦法可以指使生物的蛋白質，去改變它的 DNA 結構（也就是把生命的訊息流向逆轉（Reversible））。因此，後天所獲得的特質、經驗與習性，並無法藉由 DNA 遺傳到下一代！

小博士解說

　　第一個提出系統的生物演化學說的學者為法國生物學家拉馬克，他提出了生物演化的兩個著名法則：一是「用進廢退」，二是「獲得性狀遺傳」。用進廢退是指生物使用得較多的器官會變得發達，使用得較少的器官會逐漸退化。此外，拉馬克認為生物演化為具有方向性的單向漸進流程，即每種生物都是由比較低等的祖先逐漸邁向高等物種。達爾文本人比較傾向於拉馬克所倡導的獲得性狀遺傳，認為環境所引起的變異可以遺傳。

拉馬克與達爾文的差異

拉馬克提出了生物演化的兩個著名法則

一是「用進廢退」　二是「獲得性狀遺傳」

拉馬克和達爾文的觀點最根本的差異

拉馬克認為演化是有目的的設計　達爾文認為演化並無任何目的性

查爾斯‧達爾文（授權自 CAN STOCK PHOTO）

✚ 知識補充站

拉馬克和達爾文的觀點最根本的差異在於，一位認為演化是有目的的設計，另一位認為演化並無任何目的性。儘管拉馬克認為物種會改變，他終究無法把「注定會發生」這樣的觀點拋到演化論之後。達爾文則將「天擇」視為一股強大的力量，天擇毫無目的與方向，卻創造出有計畫目標的幻象（Illusion），其實天擇保留下來的是那些恰巧能夠適應環境的變異個體。

3-8 後達爾文演化理論（一）

（一）後達爾文演化理論

1940 年代至 1950 年代，以杜布贊斯基（T. Dobzhansky）為代表的一批學者，將達爾文演化論與遺傳學、系統分類學和古生物學整合，形成演化的整合（Evolutionary Synthesis）學說。演化整合學說對演化的遺傳機制做了較為整體性的分析，包括族群遺傳變異的產生、儲存和累積流程，突變、重組、遺傳漂變（Heritant Drift）和天擇等因素的功能等。

在 1960 年代之後，隨著分子生物學（Molecular Biology）的發展，演化機制的研究延伸到分子層級（Magnitude），不斷發現的新證據進一步豐富了達爾文的演化理論，同時也常常使它面臨了新的挑戰。

例如，分子演化的相關證據證實，生物的內部因素，例如，DNA 分子以一定的速率突變為生物演化的主要動力之一，除了天擇之外，隨機的遺傳也是生物演化的主要因素之一。

木村於 1968 年提出中性突變隨機漂變（Neutral Mutation Random Drift）假說，他認為 DNA 中產生的突變大部分是中性的，它們對生物的生存並不呈現出明顯的有利性或者有害性，因此天擇對這些基因並不發揮任何功能，中性突變基因是透過隨機漂變，在族群中固定和累積的。中性學說得到了一些分子生物學家的贊同和許多分子演化證據的支持。

然而，多數生物學家認為，即使多數突變是中性的，仍然可能存在大量非中性的突變，因此天擇還是能夠發揮功能，並進而影響生物演化的歷程。天擇學說和中性學說在解釋演化機制方面各有其適用範圍。

事實上，木村本人後來也承認關於生物表現型，對環境的適應性現象，應用達爾文的天擇學說比用中性學說解釋更為合理。而達爾文亦曾申明：「我確信天擇是變異的最重要的、但並不是唯一的途徑。」

小博士解說

杜布贊斯基（T. Dobzhansky,1900-1975）在 1937 年出版了「遺傳學與物種起源」一書，在 1942 年，英國生物學家赫胥黎（J. S. Huxley）首次稱之為現代整合演化論。杜布贊斯基在 1970 年所發表的另一論著「演化流程與遺傳學」，都發展了現代整合演化論，使它很快地被主流生物學家所接受，成為當代生物演化論的顯學。

在 20 世紀後半葉，隨著分子生物學飛速的發展，人們發現許多以目前的知識甚至無法想像的遺傳基因的改變。遺傳基因的本質究竟是什麼呢？微觀層面上的發現也持續不斷地發生。類似如此的分子生物學、發育生物學等新學科的發展，對演化論產生了前所未有的影響，更多的演化理論被提出來。

後達爾文演化理論

後達爾文演化理論

演化整合學說對演化的遺傳機制做了較為整體性的分析，其中包括族群遺傳變異的產生、儲存和累積過程，突變、重組、遺傳漂變（Heritant Drift）和天擇等因素的功能等。

木村於1968年提出中性突變隨機漂變（Neutral Mutation Random Drift）假說，認為DNA中產生的突變大部分是中性的，它們對生物的生存不表現明顯的有利性或有害性，因此天擇對這些基因並不發揮功能，中性突變基因是透過隨機漂變在族群中固定和累積的。

✚ 知識補充站

被稱為新達爾文主義的原因

雖然辛普森將演化分為兩種，但是他認為演化產生的原因還是整合演化論的「突變」和「天擇」。現代理論認為突變所指的是染色體的重組、倍數化及遺傳基因的突變等，但關於天擇，還是停留在達爾文的觀點上，因此辛普森的此種理論就被稱為新達爾文主義。

達爾文之後的各個領域裏的研究成果都被灌輸進去。研究遺傳產生機制的遺傳學，運用數學的方法來處理生物族群內，變異頻率的族群遺傳學。還有，研究化石的古生物學的成果也包括在內。

總之，是與生物演化有關的所有學術成果整合而成的理論，因此，它在現代演化論中占有關鍵性的地位。另外，本書在以後章節所提到達爾文演化論的時候也都是指現代整合演化論。

3-9 後達爾文演化理論（二）

（二）什麼是綜合演化論

在進入 20 世紀之後，由於孟德爾的遺傳定律被重新認識而起步的遺傳學，之後因為突變的發現和族群遺傳學的誕生而急速發展，對演化論產生了重大的影響。

這些遺傳學的進步與天擇、雜交、隔離等理論綜合之後的結果，就是綜合演化論。集合了多名研究者的研究成果的綜合演化論是由誰所提出的，雖然並不明確，但現在經過美國的辛普森改善之後便變得更有說服力了。

辛普森是一位美國動物學家，他把演化的研究分成兩大領域；研究物種以下的演化改變的小型演化和研究物種以上層級演化的大型演化，但是，他並不認為小型演化與大型演化是各自不同的或者彼此無關的演化方式。

（三）綜合演化論的兩種演化

下面將簡單說明一下何謂綜合演化論，辛普森認為演化分為兩種：產生物種和品種的物種分化；像從原始馬演化到現代馬那樣的系統演化，從爬蟲類演化到鳥類、哺乳類那樣的大型演化。

整合演化論中提到的這些演化都是由突變和天擇所引起的。一旦某一個生物族群中產生一些微小的變異，這些變異經過天擇之後就會留在族群之中。此種流程不斷地重覆下去，而新物種就產生了（物種分化）。新物種經年累月，就在物種的系統中不斷演化（系統演化）。最後，完全演化成了另一個種類的生物（大型演化）。

（四）魏斯曼所倡導的綜合演化論

新達爾文主義是由德國生物學家魏斯曼所建立，他認為生物的演化是由於兩性混合所產生的種質差異，經過天擇所造成的後果。此一學說特別強調變異與達爾文所提出的天擇在演化上的功能，故稱之為新達爾文主義。

小博士解說

近半個世紀以來，由於分子生物學、分子遺傳學與族群遺傳學等新興科際整合學科的興起，對生物的演化問題提出了嶄新的見解。現代綜合演化論（Modern Synthetic Theory of Evolution）又稱為現代達爾文學說。它是將達爾文的天擇說與現代遺傳學、古生物學以及其他相關學科整合起來，用以闡明生物演化與發展疑的理論。現代整合演化論的基本觀點為：

（1）基因突變、染色體畸變與透過有性雜交的基因重組為生物演化的材料。

（2）演化的基本單位為族群而非個體，演化起因於族群中基因頻率發生了重大的變化。

（3）天擇決定了演化的方向，生物對環境的適應力為長期天擇的結果。

（4）隔離導致了新物種的形成，長期的地理隔離常使得一個物種分成許多子物種，子物種在各自不同的環境下，進一步發生變異，就可能出現生殖隔離，從而形成新的物種。

辛普森將演化分為兩種

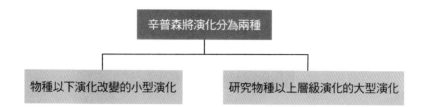

辛普森將演化分為兩種

物種以下演化改變的小型演化　　研究物種以上層級演化的大型演化

現代整合演化論的內容

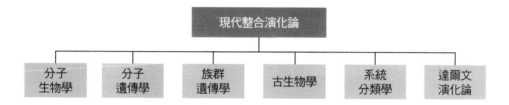

現代整合演化論

分子生物學　分子遺傳學　族群遺傳學　古生物學　系統分類學　達爾文演化論

✚ 知識補充站

魏斯曼所倡導的綜合演化論

魏斯曼所倡導的綜合演化論→他認為生物的演化是由於兩性混合所產生的種質差異，經過天擇所造成的後果。

現代整合演化學說認為演化都是由突變與天擇所引起的。而某種生物族群中產生了一些微小的變異，經過天擇之後會留在族群中。此種流程會不斷地重複，從而產生新的物種（物種分化）。新的物種經年累月，就在物種的系統中不斷地演化（系統演化）。最後，完全演化成了另一種生物（大型演化）。

現代新達爾文學說是由德國生物學家魏斯曼所建立的，他認為生物的演化是由於兩性混合所產生的族群差異，經過天擇所造成的結果。此一學說特別強調變異與達爾文所提出的天擇在演化上的功能，故稱為新達爾文學說。

邁爾在歸納現代整合演化論的特色中指出，它徹底否定了獲得性的遺傳，強調演化的漸進性，認為演化現象為族群現象，並且重新肯定了天擇的重要性。現代整合演化論繼承與發展了達爾文演化論，所以半個世紀以來皆居於主流地位。

現代整合演化學說認為生物演化的基本單位為族群而非個體，新物種的形成有三個階段：突變→選擇→隔離，由於長期的地理隔離，在天擇的運作下，形態、習性與結構進一步地分化，就可能出現生殖隔離，從而形成新的物種。物種的形成除了有漸進式的物種形成之外，還有爆發式的物種形成，而後者往往是由染色體畸變而產生的。

3-10 中斷平衡

　　古生物學深入的研究，也導致了新的演化學說的出現。由化石的觀察發現，有些古生物種常常在幾百萬年並沒有較大的變化，其後又在相對短的地質時期突然出現在形態結構上不大相同的生物物種。

　　這與傳統的種系漸變論（Phyletic Gradualism）期望的大致均勻速度的演化方式相矛盾。1972 年，古生物學艾爾德里奇（Niles Eldredge）和古爾德（Stephen Jay Gould）提出了中斷平衡（Punctuated Equilibrium）學說，其主要論點為：

　　1. 生物形態變化往往是快速出現的。

　　2. 新物種通常是由小族群的大變化而產生的，因此新物種往往與原始物種有很大的不同。

　　3. 經過爆發式變化形成新物種之後，物種可能在長達數百萬年的時間裏保持原樣大體不變，直至最終滅絕（Extinction）為止。

小博士解說

　　生物演化通常不像過去某些專家所想像的那樣，以一種大致上均勻的速率發生，而是常常顯示出「中斷平衡」（Punctuated Equilibrium）現象，在很長一段時間內，物種（和更高級的種類或者族群，例如，科、屬、種等等）至少在表型方面相對來說維持不變，但在某段短時間內發生比較急劇的變化。古爾德（Stephen Jay Gould）在與同事艾爾德里奇（Niles Eldredge）一起發表的專題文章中提出了這一觀點，他後來還在一些很受人歡迎的文章與書中，花了大量的筆墨來描述此種中斷平衡。

　　是什麼導致了那些平衡中斷時比較急劇的變化呢？一般認為與有關的機制（Mechanism）可分為各種不同的類型。其中一種包括物理化學環境的改變，有時這是一種普遍流傳的變化。在大約 6500 萬年以前的白堊紀末期，至少有一個非常重大的物體同地球發生過碰撞，那次碰撞導致了尤卡坦（Yucatan）半島邊緣巨大的契克休魯布（Chicxulub）坑洞。由碰撞引起的大氣成分變化促使白堊紀毀滅，在那次毀滅中，大型恐龍與其他許多生命形式一起滅絕了。

　　早在幾億年以前的寒武紀時期，產生了大量小型而適合生存的生態環境，並被填充了新的生命型式（就像一項新的流行技術導致無數個就業機會一樣），新的生命型式創造了更多新的小生態環境，如此反覆下去。一些演化理論家，試圖將那種多樣性的急劇擴張，與大氣中氧氣的增加聯結起來，但此一假說到如今並沒有被廣泛地接受。

中斷平衡（Punctuated Equilibrium）學說的主要論點

```
┌─────────────────────────┐
│  中斷平衡學說的主要論點  │
└─────────────────────────┘
```

| 生物形態變化往往是快速出現的 | 新物種往往與原始物種有很大的不同 | 物種可能在長達數百萬年的時間裏保持原樣大體不變，直至最終滅絕為止 |

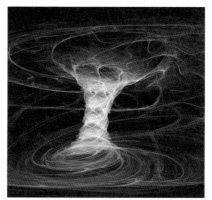

中斷平衡理論為古生物的大滅絕大爆發現象提出了新的學說（授權自 CAN STOCK PHOTO）

✚ 知識補充站

　　可能打斷表現觀演化平衡的另一種劇變，主要是在生物方面。這時自然環境不必發生戲劇性的突然變化，而是基因組隨著時間逐漸地發生變化，但此種變化對表型的生存能力並沒有很大的影響。此種「漂變」（Drift）流程的結果，一個物種的基因群可能向著一個不穩定情形發展，在此種不穩定的情形下，相當細微的基因變化可能使表現型發生根本性改變。

　　也許在某一個特定的時期，生態群聚中一定數量的物種都在趨近於那種不穩定狀態，從而為那些最終導致一個或更多生物的重大表現型發生所需突變，創造了成熟的時機。那些變化可能引發一系列連鎖變遷，在這些變遷中，一些生物變得更加成功，而另外一些生物則滅絕了。

　　整個生態群聚發生了變化，出現了新的小生態環境。進而，此種邊變（Catastrophe）使得鄰近群聚也發生變化，例如，新的動物遷徙到那裏，並與已有的物種做成功的競爭。一個暫時的表現平衡被打斷了。

3-11 物種選擇與滅絕

在演化流程中，新的物種不斷從某些舊的物種中產生，此個流程稱為物種選擇（Species Selection）。而另一些的物種則完全滅絕（Extinction）。例如，在馬的演化歷程中，從四趾馬、三趾馬到一趾馬都出現過大批物種，但現存的馬、驢、斑馬等都只有一趾而四趾和三趾的近親物種都已滅絕。

中斷平衡學說進一步認為，滅絕是所有物種的最終命運。有人估計，地球上曾經生活過的物總數可能多達 5 億左右，其中絕大多數已滅絕。物種滅絕的形式可分為正常滅絕（Normal Extinction）和大規模滅絕（Mass Extinction）。

1. 正常滅絕是隨著新物種的出現，一些老物種逐漸消亡，是演化中正常物種更替流程的一部分。

2. 而大規模滅絕是在相對較短的地質時期，大量物種的群集整體消失了，例如恐龍家族的滅絕。

大規模滅絕在生物演化史中曾多次出現，地理和氣候條件的劇烈變化以及近年盛行的小行星（Asteroid）撞擊地球等擬劇變學說（Neo-Catastrophism）都可能是大規模物種滅絕的原因。據估計，每個哺乳類物種的自然生存期限或正常滅絕速度為 200 萬～500 萬年，但人類活動的影響顯然大大加速了物種滅絕的速度。

小博士解說

根據對化石記載的研究，生物體在演化流程中，有時並不是漸近與連續變化的，物種的形成有可能是一種突然出現的事件，此種物種形成的機制稱為中斷平衡。

根據此種理論，演化變異因素可能突然作用於生物體，故化石記載會突然改變，因為與演化平衡的長期年代（數十萬年）所形成的大量化石相互比較，在發生此種變化的短期（數百年或者數千年）之內幾乎沒有化石形成。

演化的突然事件可能發生在某種物種邊緣的小族群中，導致生物體大量滅絕。在此一時段中，環境壓力打斷了進步的穩定性，最後造成新物種的形成，導致物種形成的此種變化為天擇運作於個別差異所致，而不是運作於任何特殊的遺傳機制。

生物演化的種系漸變和中斷平衡假說

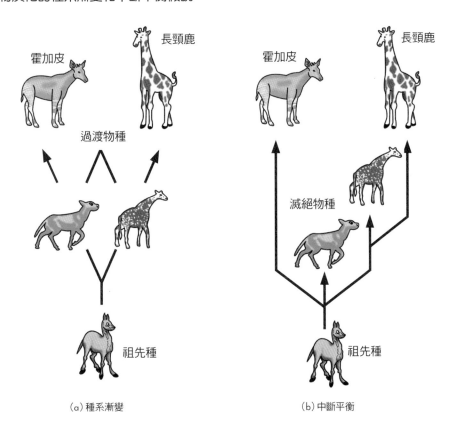

（a）種系漸變　　　　　　　　　　（b）中斷平衡

物種滅絕的型式

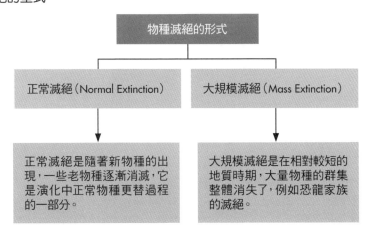

3-12 行為生態與生物演化

　　生物界廣泛存在著和諧又奇妙的物種內和物種之間的生態關係（Ecological Relation），存在著許多複雜而又可以應變的行為與現象：例如，動物對食物有嚴格的選擇和精巧的獲取策略，例如，分工、欺騙、互利（例如，以其他魚類體表寄生生物為食的魚類）、儲存、豢養等；生物的生殖行為更是向人們展現出一幅多彩的生動圖畫，異性之間的吸引、炫耀、競爭、性別轉型（例如，蚜蟲夏天行孤雌生殖，藍頭錦魚早期為雌性後期轉化為雄性）、性別比例調整（例如，胎生 因為在母體內己完成受精，故同一巢穴雌雄個體的比例為 20 比 1）、育雛的幫助、代勞等；生物在生存領地的獲得上有選定、爭奪、劃分、分享等一系列的行為表現；生物的防衛行為更可以說是千姿百態，裝腔作勢、偽裝、毒化、強化生育；一些生物還存在有嚴密的層級化社會組織（例如蜜蜂、蚊子），並發展出一套複雜的訊號通訊系統等等。顯然，這些行為的表現是隨著生物的演化而演化的。但是與形態結構或者分子序列相互比較，對行為生態演化現象的認知和規範卻要困難得多。

　　以 1978 年「行為生態學：邁向演化」（Behavioural Ecology： an Evolutionary Approach）論文集的出版為指標，行為生態學（Behavioural Ecology or Ecoethology）於 20 年前開始建立。

　　行為生態學把覓食、捕食防衛、生殖、群聚生活、領域占領、利他行為、訊號通訊、智慧建立等眾多的生物行為現象劃定在自己的研究範圍之中。值得注意的是，與其他生物學領域的研究不同，行為生態學引進了經濟學的分析方法，即把有待研究的行為設定為是某些基因生存和延續的利益代表，而研究的出發點是研究此一行為，在它所施展的族群和生態範圍中，對它代表的基因的生存和延續的功能。顯然在這樣的考量下，行為對行為執行者個體的生存是否有利就變得並不重要了，重要的是這一行為是否對其所代表的基因，在族群中的存在和延續有利。

　　儘管此一行為可能對其執行者的生存是無益有害的，但是如果這一行為對它代表的基因在族群中的存在和延續有利，這行為就獲得了在族群中存在的合理性。顯然這樣的一種分析方法是把生物行為和生態關係看作是一種基因「利益抗衡」的表現，容納了 1977 年出版的「自私的基因」（Selfish Gene）〔道金斯著〕一書的觀點。

　　行為生態學還處於剛剛建立的階段，還有許多有待商榷的問題。但是，它已對許多生態學和行為學的現象，甚至按傳統的認識方式，很難解釋的生物利他行為（例如社會性昆蟲的等級分化等）給出了可被人接受的解釋。行為生態學的問題不都是演化的問題，但是它將對生物行為和生態關係的研究，設定在演化的架構下來進行，提出了不同於以往的對生物演化現象，加以分析的新的思考和規範的方法，這是相當值得注意的。

生物演化的種系漸變和中斷平衡假說

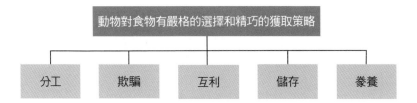

動物的捕食技術

海龜用舌頭做為誘餌引誘小魚上鉤

＋ 知識補充站

生物界廣泛存在著和諧又奇妙的物種內和物種之間的生態關係（Ecological Relation），存在著許多複雜而又可以應變的行為現象：例如，動物對食物有嚴格的選擇和精巧的獲取策略，例如分工、欺騙、互利（如以其他魚類體表寄生生物為食的魚類）、儲存、豢養等，（如上圖）。

行為生態學的研究途徑為以預期動物為基礎經由最佳化行為，來增加其適應度，它可經由實驗來檢定假設。

3-13 演化中的文化

　　人類文化的發展可以分為四或者五個階段：

　　（一）第一階段是狩獵與積聚為簡單的部落社會的階段，開始於 200~300 萬年前。早期的原始人以狩獵獲取食物，能夠製造和使用簡單的石器，藉助於野獸的毛皮和使用火來禦寒，火的使用還改善了肉食品質，引起人的牙齒頜骨尺寸進一步減小，有利於大腦的增大和發育。為了提高狩獵的效率，原始人成群活動並有了分工與合作，有了最簡單的語言，形成了簡單的游動的部落社會。

　　（二）第二階段農業的發展開始於 10000~15000 年前，部落不再到處游動，原始部落的人們在環境適合的固定場所居住下來，進行植物栽培和馴養動物，同時用部分時間從事狩獵活動。這一階段，人類製造和使用工具的能力進一步增強，並逐漸開始製造陶器、銅器和鐵器，逐漸掌握了原始的繪畫和雕刻技術。之後，人類又發明了文字，更高效率地促進了文化的交流和累積。這一階段還出現了鄉村和小城鎮。

　　（三）人類文化發展的第三階是開始於 18 世紀的工業革命階段，更多的人進入城市，使用複雜的機器製造各式各樣的產品。從瓦特發明蒸氣機、飛機的發明使用和人類首次完成登月的壯舉，工業革命階段一直持續到現在。工業革命最大的成果是人類跳脫出自己的雙手，人們從繁重的體力工作中解脫出來之後，有了更多的精力和時間從事更複雜和更高階的腦力活動，以及從事文化的發展和交流。

　　（四）人類文化發展的第四階段，應該是近年來開始的資訊技術革命時代，它以電腦的普及和網際網路（Internet）廣泛應用為主要指標。資訊技術（Information Technology, IT）革命一方面使人的大腦得到擴展，腦力活動的效率空前地提高；另一方面，資訊技術革命使人類活動與成果的各類資訊的傳遞更加及時，在知識爆炸和資訊爆炸的同時，知識與資訊又高效快捷地被傳遞、儲存、更新。因此，人類文化的發展和交流發生了前所未有的飛躍。

　　（五）如果說人類文化的發展出現了第五階段，那就是剛剛起步的生物技術革命時代。重組 DNA 技術、桃莉羊（Lamb Dolly）的複製（Clone）和人類基因計劃（Human Genome Project）的基本完成是它起步的指標。而生物技術革命所要改造的對象是包括人在內的生命本身，DNA 重組技術、複製人技術和人類基因組定序技術的進展，最終將可能「改造」全新的人類，它將使人的壽命更長，體能更壯，智商（IQ）更高。一旦記憶可以移植，我們將會遇到怎樣的「美麗新世界」。

　　人類在演化中創造了不斷發展的文化，反而言之，人類文化的發展又改變了生物演化的進程，人類不再透過天擇而被動地適應環境。但是，自從人類出現及迅速發展成為地球上龐大的族群，大大地加快了地球環境的改變。人口的快速增長和對地球資源過度的開發應用，使唯一的地球不堪負荷。人類的活動和工業汙染損害了環境，破壞了生態平衡（Ecological Equilibrium），加快了許多動植物滅絕的速度。這些負面效應為 21 世紀人類所面臨的最嚴峻挑戰。

人類文化的發展可以分為四或者五個階段

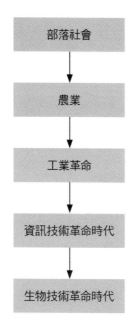

部落社會

↓

農業

↓

工業革命

↓

資訊技術革命時代

↓

生物技術革命時代

✚ 知識補充站

從分子生物學層級上來看，人類與其他靈長類區別並不大，人類大部分基因與大猩猩等其他靈長類動物是相同的。然而，人類有更多的智慧，人類的智慧隨著人類文化的發展越來越增強。

人從樹上落地下來，直立行走，導致了四肢與四趾的極大變化，和骨盆與脊椎的變化。人的大腦增大在演化上具有重大的意義。通常其他哺乳動物在出生之後的很短時間內大腦就停止增長了，而原始人在出生之後的較長時間內其大腦仍然會保持成長，促進了大腦的發達和智力的提昇。人類發育期延長了。對後代的哺育和照料期延長，意味著幼兒可以從父母那裏獲得多的經驗和知識。這就是文化的基礎-即上一代累積的知識向下一代相傳。所傳遞的最基本的知識首先包括語言、文字的讀寫等等。

所謂文化，廣義上是指人類的創造活動及其成果的總和。文化的進步是人類逐漸累積知識和經驗的流程。隨著新知識的不斷增加和累積，人類文化就不斷地變化和發展。正由於人類文化的進步，人與其他包括靈長類動物的差別越來越大，成為萬物之靈。

人類在演化中創造了不斷發展的文化，反而言之，人類文化的發展又改變了生物演化的行程，人類不再透過天擇而來被動地適應環境。

3-14 文化 DNA

　　適應至少實際發生在 3 個不同的層級上，因此有時在應用這個名詞時會引起混亂。首先，有些直接適應（Direct Adaptation）是在特定時期占優勢的基模，在操作時的一個結果而發生。當氣候變得比較暖和、乾燥時，一個社會團體可能會習慣地搬到高山上的新村子；當然，也可能是為了求雨而舉行宗教的祭典，在僧侶監督下搬到高山上。當領土被敵人侵占時，這個社會團體可能自動地退守到一個設防完備的城來，那兒有充足的糧食、飲用水儲備，可長期抵抗敵人的圍攻。當人因日月蝕而驚恐時，祭司內已經準備好適當的咒語。但所有這些行為不會對當時占優勢的基模（Schema）會有任何的改變。

　　另一個層級涉及基模的改變。在不同基模的競爭中，一個基模的優劣取決於實際世界的選擇性壓力（Selective Pressure）的運作。如果在旱災時祈雨的舞蹈不能緩解旱情，那麼有關的僧侶、法師就會失寵，而新的宗教便會取而代之了。對氣候變化的傳統應對方式是向更高的地方移動，當此種基模發揮不了什麼功能時，人們就會採取其他一些系列的進攻，那麼，在下一次敵人入侵時，就會刺激被侵犯的那一方派遣一支遠征軍進入敵人的腹地。

　　適應的第三個層級，是達爾文的「適者生存」（The Survival of the Fittest）。一個社會不能生存下去，也許就是因為它的基模不能應付各種事件，這一簡單的原因。這個社會中的人不必都死掉，剩下的個體可能加入到其他社會團體中去，但原來的那個社會自身將消失，帶著它的基模一起消失。於是，一種天擇的形式在社會層級上發生了。

　　基模導致毀滅的例子並不難以找到。有些公社（Communities，例如古巴勒斯坦的苦修教派教徒和 19 世紀美國的異教徒）據說實行戒絕性行為。公社的所有成員社生在下來，只有改變死亡的數目，使生者多於死者。但這似乎又不可能發生。苦修教派已經消失了，教徒亦所剩無幾。不論怎麼說，禁止性交往是一種文化特色，它是引起這些公社消亡和幾近消亡的明顯原因。中美洲熱帶雨林（Tropical Rain Forrest）中馬雅（Maya）高級文明的突然消失是一個最驚人的例子，說明一種高級文化的消亡。如在本書開篇不久處所指出的，其消亡的原因直到今日仍成為一個謎，而不斷被爭論之中；考古學家不能確定是什麼基模導致它們的消亡，這涉及到社會的階級鬥爭叢林地帶的農業、各個城市之間的戰鬥或文明消長的其他方面。據說仍然有很多人在馬雅文明崩潰後，仍然於該地區殘存著，這些說馬雅語的人被認為是馬雅社會的後裔。森林城市中的石頭建築走向了盡頭，那些為紀念馬雅曆法重要的日子而豎起來的石柱，也同樣如此。後續的社會比起這些傳說時期的社會要簡單得多，不再那麼複雜。一般說來，適應的三個層級發生在不同的時期。一種現存的占優勢之基模可以在幾天或幾月之內，立即轉入行動。雖然達到最高潮的事件可能突然出現，但基模的等級制度的革命，一般來說，得花費很長的一段時間。社會的消亡則將花費更長的時間。

適應實際發生在三個不同的層級

直接適應（Direct Adaptation）：
所有這些行為不會對當時占優勢
的基模會有任何的改變。

基模的改變：
在不同基模的競爭中，一個基模
的優或劣取決於現實世界的選
擇性壓力（Selective Pressure）的
運作。

適者生存（the Survival of the Fittest）：
一個社會不能生存下去，也許就是因為它
的基模不能應付各種事件。

✚ 知識補充站

　非生物的資訊傳播流程，促使人類增加自身的內部記錄（即 DNA）的複雜度。

　人類發展出文字，這意謂著資訊可以一代傳一代，不必等待非常緩慢的隨機突變與天擇，將它
們編入 DNA 序列，於是複雜度陡然增加。

3-15 文化演化的特色

（一）人兼有生物個體和社會成員的雙重品格

　　與其他的生物不同，人兼有生物個體和社會成員的雙重品格，受到生物法則與社會法則的雙重限制。自然而然，在人類的社會生活中會出現兩種法則的服從和溝通協調問題。許多社會問題（例如，法律、倫理、道德）都涉及到人類生物屬性的問題。一般講生物法則偏重的是本能和個體利益（其實近年行為生態學研究對此觀念已有突破），而社會法則突出的是對不妨礙他人利益的個體利益的尊重和對社會整體利益的發揚。今天，人們已經清楚地認識到關於人的社會性對生物性的相依關係。反之亦然，由於教育和社會環境影響的存在，人的社會性也將影響到人的生物性的表現。對此，今天生物學的研究還處於相對停滯的地位。

（二）生物與文化的共同演化

　　生物演化與文化演化具有相互制約與促進的功能。1983 年，威爾遜（E.O.Wilson）提出了「基因：文化共同演化」（Gene-Culture Coevolution）的概念。人類的誕生表示了文化演化的開始，但是這並不意味著人類的生物演化就此停止了。隨著文明的發展，人類的生物演化越來越受到來自社會因素的影響。醫學的發達和醫療保健制度的完備使社會成員的生存機會趨於均等，但是又突顯了對一些疾病患者的淘汰，例如，癌症、心臟病、愛滋病（AIDS）等；一夫一妻制是人類文明進步的表徵，它限制了性的選擇和它的生物學效應，但是又顯然提昇了對後代的健康保證和人類的感情發展；在文明社會中，智力雖不會成為留下更多後代的驅動因素，但是卻提昇了人類生存的智力要求的壓力；社會的文明可能帶來人類對某些環境適應能力的降低，和文明病的徵候群（Syndrome），但是又提供了更多的人類潛在能力的開發和表現的機會。人類文化的存在，在一些方面可能削弱了某些人類生物演化的動力因素，但是另一方面又開拓了人類新的生物演化動力學機制，豐富了生物演化的內涵，給生物學的研究提出了新的課題。總之，文化演化與人的生物演化是共同前進的。

小博士解說

　　對一些問題的研究，仍然是離不開與生物學的關係和需要與生物學的合作，例如，法律學、心理學、倫理學、美學、建築學等等。在此僅就一些問題加以簡要的討論。

文化演化的特色

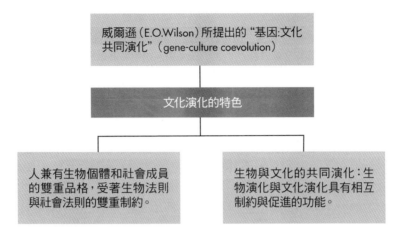

生物學與其他市自然與社會學門的科際整合

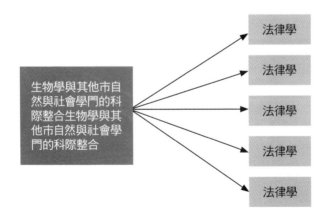

3-16 普遍的通俗文化

　　然而，世界各地的地方文化模式所受到的侵蝕，並不全然由於科學啟蒙的普遍化運作所致。大多數情況下，通俗文化（Popular Culture）對於平衡兩地或兩個團體之間的差異是很有效的。

　　牛仔褲、麥當勞、星巴克咖啡廳、搖滾樂以及美國電視連續劇已風靡世界許多年。這樣，普遍化的影響不能簡單地歸類於科學文化或大眾文化。相反地，它們構成一個連續體（Continuum），一個包括各種不同文化影響在內的整個範圍。

　　占據於深沈文化與通俗文化之間的一個中間地帶，例如，有線新聞網（Cable News Network，縮寫為 CNN）或國家地理頻道這樣一些電視頻道。在某些地方及某些情形，CNN 廣播能及時為你提供在別處所得不到的很有價值、及時、重要資訊的來源，以及準確公正的資訊。在其他情況下，它們似乎被認為代表一種娛樂形式，也就是通俗文化的一部分。無論如何，世界各地接收到的新聞廣播與許多國家中日報與周刊上發表的新聞文章，被認為是世界性「資訊爆炸」（Information Explosion）的一個方面，此外，其他非小說性刊物與書籍也大量地增多了，更不用說迅速增加的電子郵件網路與即將到來的互動式多媒體資訊爆炸。（例如，IPHONE 5 智慧型手機、MSN 即時傳訊等。）

小博士解說

　　經過漫長的 38 億年歷史，生命從誕生、到單細胞生物、多細胞生物的出現，今天已來到了人類社會存在的階段。

　　縱觀生命是一部不斷演化的歷史，也是一部生命與環境共同不斷地實現著平衡和良性循環的歷史，這也是生命之所以能夠生生息息，不斷繁衍發展的基本條件。人類的文明發展使人類對環境的控制和改造的能力到達了所有其他生物遠遠不可能達到的水準，人類曾把自己譽為「天之驕子」及「萬物之靈」。

　　但是，此種傲慢情緒背後卻隱藏了相當程度的危險性。文明的發展應以保持和維護人類和萬物賴以生存的生態平衡，使地球的生物圈處於良性循環的狀態為前提，這才符合文明的真諦、體現出真正的智慧。

　　我們特別要強調提昇全人類環境保護意識的重要性，其實這一問題的提出，本身就表現了生命不可抗拒的演化力量之存在，就是對生物演化現象的承認和尊重。

　　也許，我們能留傳給後代子孫的最佳獻禮，就是讓愈來愈多的人懂得尊重、親近與熱愛生命，使地球上的生命萬物生生不息的繁衍下去！

代表性的通俗文化

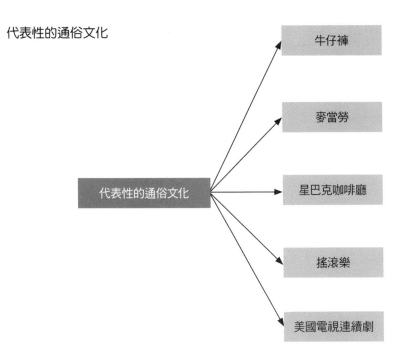

我們在地球上的烙印愈深，對大地的責任就加鉅（授權自 CAN STOCK PHOTO）

＋ 知識補充站

　　世界各地的地方文化模式所受到的侵蝕，並不全然由於科學啟蒙的普遍化運作所致。大多數情況下，通俗文化（Popular Culture）對於平衡兩地或兩個團體之間的差異是很有效的。

3-17 外星人存在與否？

　　除了地球上的生命之外，對於外星大體中生命存在或曾經存在過的探索，今天已不是科幻小說的事了。1996 年有人報導一塊來自火星的隕石保存有可能是細胞的化石（Mckay Et Al.）。同年 12 月 4 日，美國發射了「火星探路者」，火星探測器的研究工作仍在繼續。今天如果有人猜想火星上曾經發生過生命，它們由於某些原因而中斷了，或者直至今日生命還存在於火星的某些環境中，這樣的假定不應該被看作是天方夜譚。目前，更有許多人已義務地加入搜捕宇宙智慧型資訊的工作環境中。同時，人們也在思考著原始生命物質，以及原始的生命形態在其他的宇宙環境中產生，即地球生命的外星來源的可能性。人們把注意力放在對宇宙塵埃和彗星（Comet）物質或者闖入地球的天體成分的分析上，例如，研究者在俄國西伯利亞通古斯地區，在 1908 年可能是由於地外物體轟擊造成的一次大爆炸的場地，發現有氨水等物質所遺留下來的痕跡。同時人們也盡力地，用發射星際太空梭（Space Shuttle）的方法，向外傳達著地球存在生命的資訊。

　　即使其他恆星系發展出生命，也具有極小機率會是他們剛好於接近人形的階段。我們將來遇到的外星人（Alien），不是太過原始就是太過先進。而如果他們太先進的話，又為何尚未遍布銀河系（Galaxy），尚未造訪過地球呢？

　　所以說，你要如何解釋外星訪客付諸闕如的事實？有可能星際之間的確有一個先進的種族，他們知曉我們的存在，卻決定讓原始的我們自生自滅。然而，很難相信他們會如此體諒一種低等生命：以我們大多數人來說，會擔心走路時踩死多少螞蟻或蚯蚓嗎？另一個更合理的解釋是，無論是行星上發展出生命，或是生命發展出智慧的機率都非常低。由於我們聲稱自己是智慧生命（雖然或許沒有多少根據），因而傾向將智慧視為演化的必然結果。然而，這點是可以質疑的。智慧有什麼存活的價值，目前還不十分清楚。細菌沒有智慧，卻能夠活得相當好：假如我們所謂的智慧導致我們在一場核戰中盡數毀滅，細菌卻能繼續生活在地球上。因此在探索銀河系的流程中，我們或許會發現原始生命，卻不太可能發現酷似我們的外星人。

小博士解說

　若我們將來能夠遇到的外星生命可能不是太過原始就是太過先進。

智慧是否值得長存？

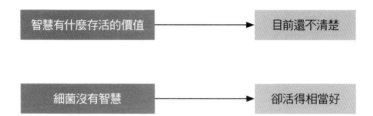

智慧有什麼存活的價值 → 目前還不清楚

細菌沒有智慧 → 卻活得相當好

　　假如我們所謂的智慧導致我們在一場核戰中全部毀滅，但細菌仍能繼續活在地球上。因此在探索銀河系的流程中，我們或許會發現原始生命，卻不太可能發現酷似我們的外星人。

外星人想像圖（授權自 CAN STOCK PHOTO）

＋ 知識補充站

　　人類在未來可能會孤軍奮戰，但在生物複雜度與電子複雜度方面可能都會有迅速的進展，但在未來一百年之間可能還不會發生重大的變化。

3-18 有機生命如何不斷加速發展複雜度？（一）

就某個角度而言，人類需要增進自己在精神上與肉體（Body & Soul）上的品質，才能應付愈來愈複雜的周遭世界，並且面對諸如太空旅行的新挑戰。此外，假如想讓生物系統繼續領先電子系統，人類同樣需要增加自身的複雜度。如今，電腦占有速度的相對優勢，但是人工智慧（Artificial Intelligence，AI）尚在未定之天，尚有一段漫漫長路要走。這沒有什麼好驚訝的，因為就複雜度而言，目前的電腦還比不上蚯蚓的腦子，而蚯蚓也不是什麼聰明的動物，那麼電腦又如何號稱其為萬能呢？

生物的複雜度與電子複雜度的這種增加方式，是否會永遠持續下去？還是會有一個自然極限？在生物這方面，人類的智慧目前多限於腦袋的大小，因為出生時腦袋要經過產道。預期在一百年內，人類將有辦法在腦外孕育胎兒，那時此種限制就消失了。然而，藉由遺傳工程來擴充人類大腦的做法，終究會遇到另一個難題；人體內負責精神活動的「化學信使」（Chemical Messenger）動作並不夠快。這就意味著，大腦的複雜度若想進一步提升，就必須以速度作為代價。我們可以擁有小聰明或是 EQ（Emotional Quotient，情緒智商）、智商（IQ）非常高，但三者卻不可兼得。

就複雜度和速度的取捨而言，電子電路與大腦面對同樣的問題。然而，電子電路使用的是電子訊號（Electronic Signal），並不是化學訊號（Chemical Signal）而且是以光速傳遞，相較之下迅速遠遠超乎預期中的多。雖然如此，在設計更快的電腦時，光速這個極限已經接近速度的最高門檻。想要改善此種情勢，我們可以將電路造得更小一些，但是物質皆由原子所組成。我們最終仍會碰到原子大小這個極限（Limit）。

話說回來，在碰到此種問題之前，將會誠如中國詩人屈原所示：「漫漫長路其修遠兮，吾上下而求索。」人類尚有一段漫漫長路要走。

想在電子電路中增加複雜度又要維持速度，另一種方法就是模仿人腦。人腦並沒有一個循序處理各個指令的中央處理器（Central Processor），而是有幾百萬個處理器同步（Synchronous）工作，此種大型的平行處理（Parallel Processing），它將是電子智慧未來的發展方向。

假設我們沒有在未來一百年內自我毀滅，人類就可能散布到太陽系其他行星，進而前往附近的恆星。人類可能會孤軍奮鬥，生物與電子複雜度上都會有迅速的發展。假如人類在這個千禧年（Millennium，西元 2001-2999 年）還能夠繼續存活，那個未來世界將是什麼光景呢？

電子電路與大腦的區別

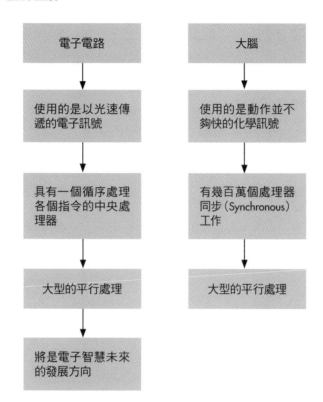

＋ 知識補充站

　　我們對人類基因組的瞭解，會使我們大大地提昇人類 DNA 結構的複雜度。在未來幾百年內，人類遺傳工程將取代生物演化，並引發許多嶄新的倫理問題。

　　我們所接觸的無數系統中，最複雜不過的就是我們自己的身體。生命似乎是在大約四十億年前，發源自覆蓋著整個地球的太初海洋。這件事是如何發生的，我們目前還不清楚。有可能是原子之間的隨機碰撞（Random Collision）而形成了巨型分子，這些分子再自我複製、自我組合成更為複雜的結構。我們的確知道的是，早在三十五億年前，去氧核糖核酸（DNA）此種高度複雜的分子就已經出現了。

3-19 有機生命如何不斷加速發展複雜度？（二）

DNA 是地球上所有生命的基礎。它擁有一個雙股螺旋結構（Double Helix Structure），其形狀有點像螺旋梯，在 1953 年，由英國劍橋大學卡文迪西實驗室（Carvendish Lab）的克里克（Francis Crick）與華生（Watson）所共同發現。

在雙股螺旋中，負責連接兩股螺旋的是「鹼基對」，它們很像螺旋梯的踏腳板。鹼基共有四種分別是胞嘧啶、鳥糞嘌呤、胸嘧啶及腺嘌呤。這四種鹼基在雙股螺旋中的排列順序隱藏著遺傳資訊，能夠讓 DNA 組合出一個有機體，並能夠讓 DNA 自我複製。當 DNA 複製自己的時候，雙股螺旋中的鹼基偶爾會弄錯順序。在大多數情況下，這些錯誤會使 DNA 無法自我複製，這意謂著如此的遺傳錯誤（即所謂的突變）會自動消失。

但在少數情況下，錯誤（或者突變）竟然會增加 DNA 自我複製與生存的機會，在基因碼（Genetic Code）中，此種改變是良性的。鹼基序列中的資訊之所以能逐漸演化，其複雜度之所以能逐漸增加，真正原因即在此。

基本上，生物演化是在「基因空間」中的隨機漫步（Random Walk），因此流程非常緩慢。藏在 DNA 內的複雜度（或者說資訊位元數）大致等於其中的鹼基數。

在最初的二十億年左右，就數量級（Magnitude）而言，複雜度增加率一定只有每百年一位元，在過去幾百萬年間，DNA 複雜度的增加率逐漸增加到大約每年一位元。可是，在六千到八千年前，出現一個重要的嶄新領域：人類發展出文字。這意味著資訊可以一代傳一代，並不必等待非常緩慢的隨機突變與天擇，將它們編入 DNA 之列，於是複雜度遽然增加。

一本愛情小說所描述的資訊量約等於猩猩與人類在 DNA 上的差異；而一套三十本的百科全書，則能夠描述人類 DNA 的整個序列。更重要的是，書上的資訊能夠迅速更新。

人類 DNA 經由生物演化的更新的速率，目前大約是每年一位元。可是每年有二十萬本新書問世，新資訊產生率超過每秒一百萬位元。當然，這些資訊大部分都是垃圾（Garbage），可是即使只有億分之一有用，這種演化速率仍比生物演化快十萬倍。

此種外在的、非生物的資料傳輸流程，導致人類主宰了這個世界。如今，我們已經開展了一個新的千禧年：人類將能增加自身內在記錄（即 DNA，去氧核醣核酸）的複雜度，不用再傻傻地等待生物演化的緩慢流程。在過去一萬年來，人類 DNA 並沒有顯著的變化，但很有可能在本千禧年（2000-2999 年）中，我們將會有能力完全重新設計這些 DNA。

當然，很多人會認為應該禁止所謂研究人類遺傳工程（Genetic Engineering），可是我們真能阻止這種趨勢嗎？基於經濟因素之考量，動植物的遺傳工程並不會就此遭禁，所以一定會有人嘗試將之應用到人體上。除非我們有一個極權式的世界政府，否則在世界某個角落，難免會有科學家嘗試設計改良人種。

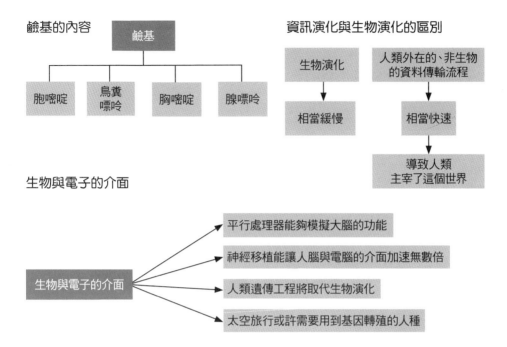

鹼基的內容

鹼基
- 胞嘧啶
- 鳥糞嘌呤
- 胸嘧啶
- 腺嘌呤

資訊演化與生物演化的區別

生物演化 → 相當緩慢

人類外在的、非生物的資料傳輸流程 → 相當快速 → 導致人類主宰了這個世界

生物與電子的介面

生物與電子的介面
- 平行處理器能夠模擬大腦的功能
- 神經移植能讓人腦與電腦的介面加速無數倍
- 人類遺傳工程將取代生物演化
- 太空旅行或許需要用到基因轉殖的人種

✚ 知識補充站

資訊可以代代相傳，不必等待非常緩慢的隨機突變與天擇，將它們編入DNA序列，於是複雜度會突然增加。一本推理小說所攜帶的資訊量，大約等於猩猩與人類在DNA上的差異；而一套三十冊的百科全書，則能描繪人類DNA的整個序列。

顯然地，假如世上出現改良人種，勢必跟未改良人種摩擦出巨大的社會與政治問題。人類（以及人類的DNA）會相當迅速地增加複雜度（Complexity）。我們應該承認這是很可能發生的事，並且認真地考量我們的因應之道。

就某個角度而言，人類需要增進自己在精神上與肉體上（Body & Soul）的品質，才能應付愈來愈複雜的周遭世界，並且面對諸如太空旅行的新挑戰。此外，假如想讓生物系統繼續領先電子系統，人類同樣需要增加自身的複雜度。如今，電腦佔有速度的相對優勢，但人工智慧（Artificial Intelligence，AI）仍在未定之天，尚有一段漫漫長路要走。這沒有什麼好驚訝的，因為就複雜度而言，目前的電腦還比不上蚯蚓的腦子，而蚯蚓也不是什麼聰明的動物，那麼電腦又如何稱其萬能呢？

生物與電子的介面

（一）在二十年內，一台一千美元的電腦就有能和人腦一樣複雜。平行處理器能夠模擬大腦的功能，讓電腦表現出智慧和意識。

（二）神經移植能讓人腦與電腦的介面加速無數倍，並且打破生物智慧和電子智慧的距離。

（三）我們對人類基因組的瞭解，無疑會引發醫學的大躍進，也會促使我們能夠大大地提昇人類DNA結構的複雜度。在未來幾百年內，人類遺傳工程將取代生物演化，重新設計人類這種生物，並引發許多嶄新的倫理問題。

（四）至於超太陽系的太空旅行，或許需要用到基因轉殖的人種，不然就是電腦所控制的無人探測船。

3-20 從演化論到「桃莉羊」的複製（一）

（一） 從演化論到「桃莉羊「的複製

達爾文於 1859 年發表「物種的起源」時，第一版在一夜之間便銷售一空。他的關於生物演化的革命性理論不但引起科學家們的廣泛興趣，當時也引起了老百姓的關注。

當一位不知名的蘇格蘭生物學家於 1997 年 2 月公布完成了第一個哺乳動物：「桃莉羊」的複製，這個神奇的故事立刻上了各傳播媒體的首頁和頭條新聞，一夜之間，全球大多數生物技術公司的股票價值迅速地上升。

今天，一般大眾對生命科學的興趣比一個多世紀前的達爾文時代更加高漲。

20 世紀末，一家國際最著名的周刊評選 20 世紀 100 件大事，在包括政治、經濟、文化、歷史、戰爭和科學等的 100 件大事中，幾件涉及自然科學的大事大部分屬於生命科學領域：

1928~1942 年，佛萊明（Fleming）發現了青霉素，在第二次世界大戰後期拯救了幾百萬人的生命。

1953 年，華生（Watson）和克里克（Crick）首次提出了 DNA 雙螺旋（Double Helix）結構模型，奠定了現代分子生物學（Molecular Biology）的基礎，從而獲得了諾貝爾醫學獎。有的學者高度評價了 DNA 雙股螺旋結構模型，稱之為「諾貝爾獎中的諾貝爾獎」。

1973 年，美國史丹佛（Stanford）大學史坦利‧柯漢（Stanley Cohen）教授和美國加州大學舊金山分校（U. C. Sanfrancisco）赫伯特‧波以耳（Herber Boyer）教授帶領各自的研究組幾乎在同時分別完成了 DNA 體外重組，一舉打開了基因工程學大門，他們除了成為諾貝爾獎得主，還被稱為重組 DNA 技術之父。

1997 年 2 月，蘇格蘭生物學家魏爾邁（Wilmut）完成了第一個哺乳動物：「桃莉羊」的複製，消息傳出以後，立刻在全球引發了一場有關複製人的大爭論。

2000 年 6 月 26 日，在多方參與和協調下，人類基因組工作架構圖完成，標示了功能基因組時代的到來。

2001 年，人類在於細胞研究方面又取得重大突破⋯⋯

20 多年前，大多數人都沒有預料到，電腦技術的應用在今天會如此的廣泛。當今，以電腦科學、資訊技術、生命科學及生物技術為代表的科學與技術正迅速發展，正是資訊科學和生命科學代表了現代科學發展的最尖端領域，資訊技術和生物技術成為現代高科技的兩大支柱。科技的迅速發展讓我們思考，20 年後生命科學的發展和生物技術的應用及其產業會達到怎樣的程度，回顧生命科學的發展史，並從前瞻性的角度思考這一問題，便不難回答我們為什麼要學習生命科學。

小博士 解說

當一位不知名的蘇格蘭生物學家於 1997 年 2 月公布完成了第一個哺乳動物：「桃莉羊」的複製，這個神奇的故事立刻上了各傳播媒體的首頁和頭條新聞，一夜之間，全球大多數生物技術公司的股票價值迅速地上升。

涉及生命科學的大事年表

年表	涉及生命科學的大事
1859年	達爾文發表「物種的起源」
1928~1942年	佛萊明 (Fleming) 發現了青霉素，在第二次世界大戰後期拯救了幾百萬人的生命
1953年	華生 (Watson) 和克里克 (Crick) 首次提出了DNA雙螺旋 (Double Helix) 結構模型，奠定了現代分子生物學 (molecular biology) 的基礎
1973年	美國史丹佛 (Stanford) 大學教授Cohen和美國加州大學教授Boyer帶領各自的研究組幾乎在同時分別完成了DNA體外重組，一舉打開了基因工程學大門
1997年2月	蘇格蘭生物學家Wilmut完成了第一個哺乳動物: "桃莉羊" 的複製
2001年	人類在於細胞研究方面又取得重大的突破
2003年	人類基因組定序計劃

✚ **知識補充站**

　1997 年 2 月 24 日，英國「泰晤士時報」刊登一則消息；世界上第一頭無性繁殖的「複製羊」已在七個月前，在英國愛丁堡羅斯林研究所誕生。這個消息首先在生物學界引起轟動，隨後，很快波及到各國倫理學界、醫學界、政界……並引起全世界老百姓的廣泛注意。在一時之間，「複製」這個名詞已不再是生物學家們所獨享的專業術語，不管人們瞭解程度如何，」複製」已經成了上至國家政要下至平民百姓經常掛在嘴邊的時髦口頭語。

　一個被稱為「桃莉」的小小綿羊，為何會引起人們如此大的興趣，成為政府講壇與街談巷議的熱門話題？這是因為科學們破天荒地採用複製的成年哺乳類動物的體細胞，運用核移植無性繁殖技術，成功地培育複製出了與親本一致的動物生命體。這項技術的成功標誌了生命科學與生物技術的重大突破和進展，預示了重要的科學價值和巨大的商業效用；另一方面，「複製羊「之後有可能進一步研究「複製人」，如果出現了「複製人」，又會產生怎樣的社會、倫理後果？事關人類自身生命的創造與演化，無法不使人們予以關注、提出疑問、作出反應。

3-21 從演化論到「桃莉羊」的複製（二）

　　羅斯林研究所是英國著名的生物學研究中心，該所的科學們以前曾用複製技術培育出一些兩棲類動物，但從未在哺乳類動物身上獲得成功。

　　此次該所的伊恩‧維爾穆特與他的同事們花了三年時間，經過數百次失敗，終於用一頭六歲成年母綿羊的乳腺細胞無性繁殖出了一頭小綿羊。維爾穆特在欣喜之際，用他所喜歡的美國鄉村歌手桃莉‧芭頓（Dolly Parton）的名字給這頭可愛的小綿羊命了了「複製」一名詞，進而或多或少對複製技術有所了解，而且，聚焦於複製技術話題展開了激烈的爭論。

　　在西方，幾乎所有國家的政府有關部門與政要人物，對複製技術用於製造人持否定態度，美國前總統柯林頓於 1997 年 3 月 4 日下令禁止把聯邦的資金用於複製人研究，並要求國家生物倫理學諮詢委員會專門研究複製技術在法律和倫理方面可能造成的影響與後果，在 90 天內向他匯報。1998 年 1 月他又要求美國國會立即立法，以阻止芝加哥一名叫錫德的科學家試圖複製人的計劃。與此同時，歐洲 19 國在法國巴黎簽署了一項嚴格禁止複製人的協定。

　　中外科學家、哲學家、倫理學家、社會學家們也聚焦於複製技術紛紛各抒己見，整體而言，人們對複製技術的重大突破，以及在醫學、製藥業、農林業、畜牧業等方面的運用持贊許、肯定的意見，而在複製人問題上，多數人持謹慎態度，認為不可取；但也有少數人持樂觀態度，認為沒有什麼大不了的事情，科學技術遲早要踏出這一步，不必杞人憂天；更有個別激進者，如上述的美國科學家錫德不僅宣稱要複製自己，而且還打算建立一個體類複製診所，計劃每年複製 500 人。有一家 Clone Aid 公司在網際網路上作廣告，聲稱只需 20 萬美元便可以為不育人士進行複製工作。一些邪教組織在聞訊之後也蠢蠢欲動，宣布要建立複製人公司。

　　在反對複製人的意見中，人們提到了一系列可能出現的社會、倫理問題，諸如人倫關係的混亂、性別比例的失調、對生命觀念的衝擊等等，其中不乏深刻的見解，很值得深思，但爭論並未就此中止，還有不少深層級的問題值得思索，且隨著生物技術的進展需要作進一步地研究。

小博士解說

　　在反對複製人的意見中，人們提到了一系列可能出現的社會、倫理問題，諸如人倫關係的混亂、性別比例的失調、對生命觀念的衝擊等等，其中不乏深刻的見解，很值得深思，但爭論並未就此中止，還有不少深層級的問題值得思索，且隨著生物技術的進展需要作進一步地研究。

現代科學發展的最尖端領域

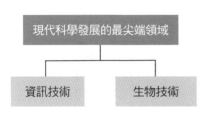

現代科學發展的最尖端領域
- 資訊技術
- 生物技術

維爾穆特（Wilmut）用一頭六歲成年母綿羊的乳腺細胞無性繁殖出了一頭小綿羊

↓

用美國鄉村歌手桃莉·芭頓（Dolly Parton）的名字將這頭小綿羊命名為"桃莉羊"

↓

人類第一次成功地複製（Clone）哺乳類動物

複製羊技術

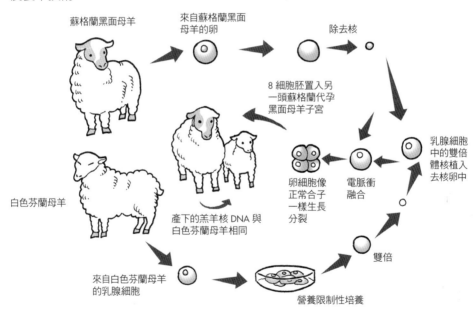

蘇格蘭黑面母羊
來自蘇格蘭黑面母羊的卵
除去核
8 細胞胚置入另一頭蘇格蘭代孕黑面母羊子宮
白色芬蘭母羊
產下的羔羊核 DNA 與白色芬蘭母羊相同
卵細胞像正常合子一樣生長分裂
電脈衝融合
乳腺細胞中的雙倍體核植入去核卵中
來自白色芬蘭母羊的乳腺細胞
營養限制性培養
雙倍

＋ 知識補充站

　　當今，以電腦科學、資訊技術、生命科學及生物技術為代表的科學與技術正迅速發展，正是資訊科學和生命科學代表了現代科學發展的最尖端領域，資訊技術和生物技術成為現代高科技的兩大支柱。

　　科技的迅速發展讓我們思考，20 年後生命科學的發展和生物技術的應用及其產業會達到怎樣的程度，回顧生命科學的發展史，並從前瞻性的角度思考這一問題，便不難回答我們為什麼要學習生命科學。

3-22 生物多樣性的內容

（一）物種多樣性

地球上的生命是多樣化而豐富多彩的：從非常小的一個病毒（Virus）到重達 150 噸的鯨；從慢性子的蝸牛到每小時能奔跑 90 公里的獵豹；植物借助於風、水和動物的遷移把自己的後代送向遠方；僅苔蘚植物就有 13,000 種之多，大自然中每一樣物種都是獨特的，從而構成物種多樣性。物種多樣性是用一定空間範圍物種數量的分布頻率來衡量的，它通常又包括整個地球的空間範圍。

（二）遺傳多樣性

世界上所有生命既有保持自己物種的繁衍，又能使每一個個體都表現出差別，這要歸功於其體內遺傳密碼的功能和基因（Gene）表現的差別。遺傳的多樣性指同一個物種內基因型的多樣性，是衡量一個種內變異性的概念。在組成生命的細胞中，DNA是遺傳物質，由 4 種鹼基（Base）在 DNA 長鏈上不同的排列組合，決定了基因及遺傳的多樣性。在人類 DNA 長鏈上就有約 3 萬個基因，它記錄了我們祖先的密碼。大自然用了幾十億年的時間，建造起如此浩繁、精緻和複雜的基因庫，任何一個物種的滅絕，都會帶走它獨特的基因，令我們永遠地遺憾。

（三）生態系統多樣性

在地球表面，到處都是生機勃勃的生命。為適應在不同環境下生存，各種生物與環境又構成了不同的生態系統（Ecosystem），這就是生命的家園。在不同的生態系統中，各種生命透過極其複雜的食物網，來獲取和傳遞能量，同時完成物質的循環。生態系統的結構、功能、平衡及調節機制千差萬別是生物多樣性的重要內容。

維護地球生命的流程是由多樣性的生命來完成的。生物多樣性是地球上生物經過幾十億年發展演化的結果，它們的未知潛力為人類的生存和持續發展顯示了不可估量的美好前景。

（四）景觀多樣性

景觀是指一組重複出現且具有相互影響的生態系統所組成的異質性陸地區域。結構、功能與動態為景觀的三種最主要的特色。而且景觀異質性為景觀結構的屬性，而且結構對功能與流程將會產生重大的影響。地球表面的景觀多樣性為人類與大自然互動的結果，例如，農業、森林、、草地、荒漠、城市與果園景觀等。

小博士 解說

按照 1992 年聯合國環境與發展大會的「生物多樣性公約」，生命多樣性亦稱生物多樣性（Biodiversity），應該包括物種多樣性、遺傳（基因）多樣性和生態系統多樣性。

生物多樣性的內容

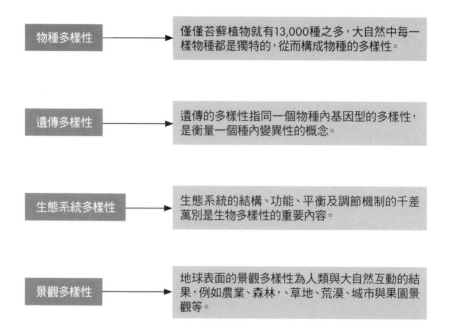

| 物種多樣性 | → | 僅僅苔蘚植物就有13,000種之多,大自然中每一樣物種都是獨特的,從而構成物種的多樣性。 |

| 遺傳多樣性 | → | 遺傳的多樣性指同一個物種內基因型的多樣性,是衡量一個種內變異性的概念。 |

| 生態系統多樣性 | → | 生態系統的結構、功能、平衡及調節機制的千差萬別是生物多樣性的重要內容。 |

| 景觀多樣性 | → | 地球表面的景觀多樣性為人類與大自然互動的結果,例如農業、森林,、草地、荒漠、城市與果園景觀等。 |

✛ 知識補充站

　　生物多樣性是指各種生命形式的資源,包括數百萬種的植物、動物、微生物,各個物種所擁有的基因和各種生物與環境互動所形成的生態系統,以及它們的生態流程。從生物生物多樣性的概念可以看出,它包括四個層級:遺傳多樣性、物種多樣性、生態系統多樣性和景觀多樣性。

　　廣義的遺傳多樣性是指地球上所有生物所攜帶遺傳資訊的總和。狹義的遺傳多樣性,主要是指種內個體之間或一個族群內不同個體的遺傳變異總和。在物種內,因為生存環境不同也存在著遺傳上的多樣性。所謂物種是指一類遺傳特色十分相似,能夠交配繁殖出有繁育後代能力的有機體。物種多樣性是指一個地區之內,物種在分類學、系統學和生物地理上的多樣性。生態系統多樣性是指生物圈內生物環境、生物族群和生態流程的多樣性,以及生態系統內生物環境差異、生態流程變化的多樣性。景觀多樣性是指由不同類型的景觀要素或生態系統構成的景觀空間結構、功能機制和時間動態方面的多樣性或變異性。

　　隨著經濟的發展,由於自然資源(包括生物資源)和能源過度消耗,生態環境日益惡化,生態系統遭到破壞,生物多樣性日漸喪失。保護生物多樣性已是當務之急。

3-23 生物多樣性協定

　　1992 年 6 月 150 多個國家的首腦雲集巴西里約熱內盧聯合國環境與發展大會，簽署了全球的「生物多樣性協定」。

　　「生物多樣性協定」包括序言、42 條協定條款和查明與監測、仲裁與調解兩個附件。其中序言部分強調了締約國所達成的共識，其中一些主要內容包括：

　　生物多樣性的內在價值，其價值包括：生物多樣性及其組成的生態、遺傳、社會、經濟、科學、教育、文化、娛樂和美學價值。

　　生物多樣性對演化和保持生物圈的生命維持系統十分重要，保護生物多樣性是全人類共同關切的問題。各國對它的生物資源擁有主權權利，有責任保護它自己的生物多樣性，並以可持續的方式利用它自己的生物資源。

　　一些人類活動正在導致生物多樣性的嚴重減少，人類社會普遍缺乏有關生物多樣性的資訊和知識，急需開發科技和機能能力以提供基本瞭解，據此採取與執行適當的措施。

　　預測、預防和從根本上消除導致生物多樣性嚴重減少或喪失的原因至為重要。在存在著使生物多樣性嚴重減少或喪失的威脅之時，不應以缺乏充分的科學定論為理由，而推遲採取旨在避免或者儘量減輕，此種威脅的措施。

　　生物多樣性保護的基本要求，就是就地保護生態統和自然生態，以及在其自然環境中維持和恢復有生存力的族群，在原產國國內實行的異地保持措施也可發揮重要功能。為了保護生物多樣性及持續利用其組織，必須加強國家、政府間組織和非政府部門之間的國際、區域和全球性合作。提供新的額外資金和適當取得有關技術，可以對全世界處理生物多樣性喪失問題的能力，產生重大的影響。有必要大量投資以保護生物多樣性，而且這些投資可望產生廣泛的環境、經濟和社會效益。保護和持續利用生物多樣性對滿足日益成長的人口對糧食、衛生和其他需求至關重要，而為此目的取得分享遺傳資源和遺傳技術是不可或缺的。保護和持續利用生物多樣性最終必定增強國家間友好關係和對人類和平做出貢獻。各國決心為現代和後代的利益，保護和持續利用生物多樣性。

小博士解說

　　「生物多樣性協定」包括序言、42 條協定條款和查明與監測、仲裁與調解兩個附件。生物多樣性的內在價值包括：生物多樣性及其生態、遺傳、社會、經濟、科學、教育、文化、娛樂和美學價值。

　　某些生物對汙染物具有抗性，它們能吸收及分解汙染物；另一些生物對有機廢物、農藥，以及空氣和水的汙染物有化解作用。

　　千姿百態的生物，給人美好的享受，是藝術創意和科技發明的泉源。人類文化的多樣性，在相當程度上起源於生物及其環境的多樣性。

　　在一些國家，對生物多樣性的依賴關係到其社會的穩定和國家的安全。

生物多樣性的內在價值

生物多樣性的內在價值

生態價值　遺傳價值　社會價值　經濟價值　科學價值　教育價值　文化價值　娛樂價值　美學價值

✚ 知識補充站

　　生物多樣性對人類生存與發展，具有重大的意義，生物多樣性為人類提供了基本食物。全世界估計有 30 萬餘種陸生植物，僅有 150 餘種被大面積種植。世界上 90% 的食物來源於 20 個物種。目前人類所需要的糧食 75% 來自小麥、水稻、玉米、馬鈴薯、大麥、甘薯和木薯7種作物。各種家禽、家畜、魚類、海產為人類提供必要的蛋白質，各種蔬菜、水果、菌類均為人類日常生活所必需的食物。藥物也是與人類生存有關的物品。傳統醫藥大部分來自生物，它至少在維護發展中國家 80% 人口的健康方面發揮了重大的功能。對許多現代藥品，它也是不可或缺的成員，美國所有配藥處方中 1/4 含有取自植物的有效成員。

　　生物多樣性還為人類提供多樣化的工業原料，例如木材、纖維、橡膠、造紙原料、天然澱粉、油脂等。甚至煤、原油、天然氣也都是由森林儲藏了幾百萬年前的太陽能所供給。現代工業生產還需要開發更多更新的生物資源，以提供各種工業生產所必需的材料及新型能源。

　　生物多樣性在自然界中維持能量的流動、調節氣候、穩定水文、保護土壤、維持演化流程、淨化汙染等方面都發揮了重要的功能。植物透過光合作用固定太陽能，使光能透過綠色植物進入食物鏈，提供所有物種維持生命所需的能量。

　　生態系統對大氣候及局部氣候具有調節的功能，其中包括對溫度、降水和氣流的影響。

　　在集水區內發育良好的植被具有調節逕流的功能。植物根系深入土壤，使土壤對雨水更具有滲透性。有植被地段比裸地的逕流較為緩慢和均勻。一般在森林覆蓋好的地區，雨季可調節洪水，乾旱季在河流中仍有流水。

　　凡有發育良好植被的地段，由於植被與枯枝落葉層的覆蓋，可以減少雨水對土壤的直接沖擊，保護土壤減少侵蝕，保持土地生產力。

　　生態系統的功能 包括傳粉、基因流、異花授精的繁殖功能以及生物之間、生物與環境之間的互動，對於維持演化流程方面具有重大的意義。

3-24 生物多樣性保護的內涵

（一）生物多樣性保護的內涵

由於人口的急劇成長，人類對生物資源不合理的利用使自然環境遭到嚴重破壞，生物多樣性正在以前所未有的速度被破壞。

人類無節制侵占並毀壞了大量原本是野生動植物們的家園，大量向自然界排放有毒廢水、廢氣和廢渣。據估計目前全球每分鐘損失耕地 40 公頃，損失森林 21 公頃，11 公頃良田被沙漠化，江河湖海排放汙水 85 萬噸；另有 300 個嬰兒出生；有 28 人死於環境汙染。

近 400 年裡，已記錄到有 484 萬種動物滅絕，而實際上物種滅絕的速度遠遠超過了記錄到的數字；隨著世界人口的爆炸，經濟的發展，物種滅絕的速度還要加快。

專家預計：從 1990 年到 2015 年，世界上將有 60 萬到 240 萬種生物滅絕！在美國舉行的 1999 年國際植物學大會上，動物學家和植物學家指出，人類活動破壞了地球將近一半的陸地，正導致自然界的動植物加速走向滅絕，如果這種情況持續下去，估計 21 世紀後半葉，將有 1/3 至 2/3 的物種會從地球上消失。

科學家從對古化石的研究發現，地球在過去曾經歷「五大絕種潮」，其中一次發生在 6500 萬年前，龐大的恐龍（Dinosaur）就是當中的受害者。

（二）保護生物多樣性的目標

生物多樣性的保護與經濟的永續發展密切相關。保護生物多樣性的目標就是不減少基因與物種多樣性，不毀壞重要的生態系統，來保護與利用資源，以保證生物多樣性的永續發展。即要挽救、研究與永續地利用生物多樣性，必須將生物多樣性作為國家或地區整體規劃的一部分，只有政府與民眾的密切合作才能實現。

小博士解說

由於人口的急劇成長，人類對生物資源不合理的利用使自然環境遭到嚴重破壞，生物多樣性正在以前所未有的速度被破壞。

物種滅絕年表

年表	動物滅絕的記錄
發生在6500萬年前	身軀龐大的恐龍（dinosaur）滅絕
在近400年之中	已記錄到有484萬種動物滅絕，而實際上物種滅絕的速度遠遠超過了記錄到的數字
從1990年到2015年	世界上將有60萬到240萬種生物滅絕
估計21世紀的後半葉	將有1/3至2/3的物種會從地球上消失

古代的恐龍

＋ 知識補充站

　　祖先透過傳遞差錯與基因重組及自然選擇而產生出有效複雜性（Effective Complexity），此種複雜性已由當今所存在之生命形式驚人的多樣性所顯示出來。那些生命形式包含了大量的資訊，這些資訊是透過地質年代，而逐漸累積起來的，其中包含有地球上生存方式及各種不同生命形式之間的互動方式，但迄今為止，這些資訊為人類所了解的僅是多麼小的一部分！

　　然而，透過大量生育及每個體（特別是每個富人）對環境造成的破壞性影響，人類已經開始導演一場滅絕之劇，最終它的破壞性也許能同過去的一些大滅絕一比高下。歷經如此漫長的時期的演化，才累積起來的複雜性，在幾十年的時間裡，就毀滅掉其中很大的一部分，這難道合理嗎？

　　難道我們人類將像某些其他動物那樣，為生物的原始需求所驅使，而見縫插針地去占據每個可利用的地方，直到引發飢荒、疾病與戰爭來限制我們的人口嗎？或者我們將利用我們自己引以為豪的，也是我們人類這一物種所特有的智慧？

　　21世紀已過了十年左右，人類所面臨的最重要任務之一，就是保護生物多樣性。這一事業涉及到世界各地各行各業的人們，我們應該運用多種方法，來決定需要做些什麼，特別是首先需要做什麼。雖然在不同的地方優先的選擇有所不同，但還是存在一些普遍適用的原理與策略。

3-25 保護生物多樣性就是保護人類自己

（一）保護生物多樣性就是保護人類自己

　　人類現在處於第六次絕種潮邊緣。鳥類化石專家把地球上數次出現的絕種潮分成 5 次，每次時段從 100 萬年至 1,000 萬年不等。最大規模的一次絕種潮發生在大約 2 億 5 千萬年前，有 77%~96% 的物種被淘汰。而且，從種種跡象看來，動植物絕種的速度將會加快。國際保護自然聯盟 1996 年發表的瀕危物種「紅色警報名單」顯示，世界現存的大約 9,500 種哺乳動物中，面臨絕種的已占有 24%，而現存的約 9,500 種鳥類中，有 20% 即將滅絕。在已知的大約 100,000 種木本植物中，瀕臨絕種的物種約占有 6%，其中有 1,000 種左右危在旦夕。

　　一個基因可能關係到一種生物的興衰，一個物種可能影響一個國家的經濟命脈，一個生態系統可能改變一個地區的面貌。在人類還沒有來得及開發時，眾多物種便如此大量和快速地滅絕了，從此，我們不知道，而且將來永遠也不可能知道這些已經滅絕物種的寶貴價值。例如某種滅絕的生物可能供特效抗癌藥物或治療愛滋病（AIDS）的特效成分等等。假如，水稻、小麥、棉花、大豆等物種在人類利用它們之前便滅絕了，如今的人類將是何等的悲哀。更可悲的是，人類可能還不知道其悲哀，因為人類可能正以其他價值較低的物種或以更高的代價來生產食物而沾沾自喜。

　　全球生物多樣性正在迅速喪失之中，這不僅意味著我們正在失去大量以後可以利用的資源；更重要的是，那最終將導致我們人類自己，也像其他生物一樣，從這個星球上消失！所以保護生物多樣性就是保護人類自己！

小博士解說

　　現在地球上的動物、植物物種消失的速率，較過去的 6,500 萬年之中的任何時期都要將近 1,000 倍。20 世紀以來，全世界 3,800 多種哺乳動物中，已有 110 個物種和子物種消失了，9,000 多種鳥類中已有 139 個種和 39 個子物種消失了，還有大量動植物的珍稀物種正面臨滅絕的危險。

　　如果這些物種完全滅絕，其攜帶的各種特殊基因將隨之消失，這會使自然生態系統的穩定與平衡遭受極大的影響，主要農作物和家畜的遺傳改良亦將受到嚴重影響，甚至生物演化的行程也會因此而改變。因此，加強生物多樣性的保護是一項刻不容緩的任務。

絕種潮的編年史

絕種潮的編年史	事件
大約2億5千萬年前	最大規模的一次絕種潮大約有77%~96%的物種被淘汰
20世紀以來	現在地球上的動物、植物物種消失的速率與過去的6,500萬年之中的任何時期相比,其消失的速率都要快將近1,000倍。全世界3,800多種哺乳動物中,已有110個物種和子物種消失了,9,000多種鳥類中已有139個種和39個子物種消失了,還有大量動植物的珍稀物種正在面臨滅絕的危險
國際保護自然聯盟在1996年發表的瀕危物種"紅色警報名單"	世界現存的大約9500種哺乳動物中,面臨絕種的已佔有24%,而現存的約9,500種鳥類中,有20%即將滅絕。在已知的大約100000種木本植物中,瀕臨絕種的物種約佔有6%,其中有1,000種左右危在旦夕

✚ 知識補充站

環境保護的內容包括對大氣、水體、土壤、森林、草原、野生動物及植物等各種自然資源的保護。

人類是生態系統中的最高級的消費者。人類不同於其他生物之處在於,人不是完全被動地適應環境,而是可以主動地改造自然環境。但人對環境的開發利用必須持謹慎態度,必須尊重生態規律,必須考慮當前利益和長遠利益及局部利益和整體利益的整合,否則,就會受到大自然的懲罰。如前面所述,很多生態問題都與人類活動有關,而解決這些問題也只能透過人類自身的努力。例如,人類的亂砍亂伐會大規模地毀壞森林,而有計劃地植樹造林,又可以重新綠化大地。

人類解決生態危機的正確途徑是執行永續發展(Sustainable Development)策略。所謂永續發展策略,是短期目標與長遠目標相一致的發展策略,既要滿足當前的需要又不能危及子孫後代的生存和發展。永續發展策略應包括經濟、社會、資源、環境的永續發展。只有在全球之內執行永續發展策略,才能有效地遏止環境惡化的行程。

3-26 解剖學與胚胎學的證據

（一）解剖學上的證據

在演化流程中所出現的新結構，通常是在原始結構基礎上的變異。解剖學上的同源器官（Homologous Organs）指不同生物具有的功能不同，但基本結構卻非常相似，幾乎可以肯定是來源於某個共同祖先的同一器官而形成的各種器官。

例如，蝙蝠的翅膀、鯨的鰭、獵豹的前腿和人的上肢這些不同生物的器官的基本骨骼構造相類似，證實它們是同源器官，儘管各自的功能完全不同，分別用於飛翔、游泳、奔跑和操作。

一種特殊的同源器官：退化器官（Vestigial Organ）更能闡明問題，例如人類沒有尾巴但仍殘留有尾椎骨，此種與其他哺乳動物尾巴同源的退化器官，即為人類是從有尾巴的動物演化而來的證據。

（二）胚胎學上的證據

生物由單細胞向多細胞複雜生物的演化是逐步完成的，在演化的流程中，基本的分化發育流程會被保存下來。

因此，高等動物從一個受精卵發育成一個完整的生物個體的胚胎發育，可以真實地重演其主要部分的演化流程。

例如，魚、兩棲動物、爬行動物、鳥類、很多哺乳動物和人的胚胎發育在初期階段都非常相似，其差異是在胚胎發育的中後期才出現的，與這些生物演化中共同祖先的出現早晚的次序大致互相一致。

小博士 解說

人類沒有尾巴但仍殘留有尾椎骨，此種與其他哺乳動物尾巴同源的退化器官，即為人類是從有尾巴的動物演化而來的證據。

魚、兩棲動物、爬行動物、鳥類、很多哺乳動物和人的胚胎發育在初期階段都非常相似，其差異是在胚胎發育的中後期才出現的，與這些生物演化中共同祖先的出現早晚的次序大致互相一致。

解剖學與胚胎學的證據

解剖學與胚胎學的證據	胚胎學上的證據
↓	↓
人類沒有尾巴但仍殘留有尾椎骨	魚、兩棲動物、爬行動物、鳥類、很多哺乳動物和人的胚胎發育在初期階段都非常相似
↓	↓
即為人類是從有尾巴的動物演化而來的證據	其差異是在胚胎發育的中後期才出現的

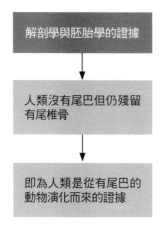

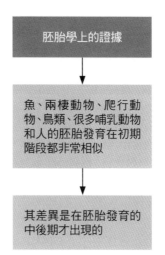

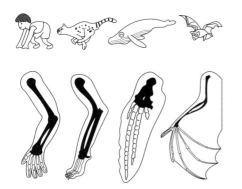

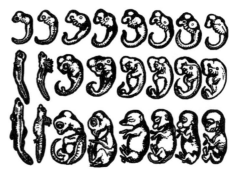

✚ **知識補充站**

　　在演化流程中所出現的新結構，通常是在原始結構基礎上的變異。

　　解剖學上的同源器官（Homologous Organs）指不同生物具有的功能不同，但基本結構卻非常相似，幾乎可以肯定是來源於某個共同祖先的同一器官而形成的各種器官。

　　生物由單細胞向多細胞複雜生物的演化是逐步完成的，在演化的流程中，基本的分化發育流程會被保存下來。

　　因此，高等動物從一個受精卵發育成一個完整的生物個體的胚胎發育，可以真實地重演其主要部分的演化流程。

3-27 生物演化的趨勢

在天擇的運作之下，生物演化形成新物種的流程有下列幾種模式：

（一）趨異演化和適應輻射

趨異演化（Divergent Evolution）是指同一族群分為兩個族群，並各自發生和累積不同的遺傳變異，最終形成兩個不同的物種。例如，美國科羅拉多大峽谷在約 7 百萬年前形成時，將一種松鼠（Squirrel）族群一分為二，峽谷兩側的松鼠，現在已演化為形態有明顯區別，且相互之間存在生殖隔離的兩個物種。

一個原始物種也可以同時分為多個族群，並向適應不同的環境方向演化，最後形成多個物種，此種特殊的超異演化稱為適應輻射（Adaptive Radiation）。例如，夏威夷群島的一種小鳥（Honeycreepers）由共同祖先演化，形成具有不同喙形的物種，分別適應取食小昆蟲、軟果實、硬種子、花朵中的蜜腺等各種食物。

趨異演化及適應輻射是形成地球上物種多樣化的直接原因。

（二）趨同演化和平行演化

趨同演化（Convergent Evolution）呈現為在同一環境中的不同物種演化產生類似的適應性狀。例如，在水中生活的鯊魚、魚龍和海豚分別屬於魚類、爬蟲類和哺乳類動物，都演化形成了適應游泳的流線型身軀。

一種特殊的趨同演化形式稱為平行演化（Parallel Evolution）。平行演化是指兩種以上有親緣關係的物種，各自獨立發生相似的演化。例如，從約 3500 萬年前開始，大約有四個屬的貓科動物的祖先，分別演化出撩牙等適應獵食大型動物的器官。由於平行演化發生在親緣關係較近的物種之間，因此不僅表現型相類似，其遺傳基礎砷往往也相類似。

趨同演化和平行演化也是天擇運作的證據之一。

（三）協同演化

協同演化（Coevolution）指當兩個不同的物種相互依存時，會演化產生彼此適應和相互協調的性狀。例如，蝴蝶等昆蟲的口器適應採食花蜜，觸角或腿上的絨毛適應黏附花粉，而植物花的色彩、芳香、蜜腺及各種形態結構都有利於吸引昆蟲，並藉助昆蟲來執行傳粉受精、繁殖後代的目的。

近年一些學者將協同演化的概念延伸到地球環境和生物族群的協同演變。有人又因此提出生物演化是有方向的、不可逆的流程，因為地球大環境的許多變化都是不可逆的。

小博士解說

在天擇的運用之下，生物演化形成新物種的流程有下列幾種模式：
（1）趨異演化和適應輻射
（2）趨同演化和平行演化
（3）協同演化

生物演化的趨勢

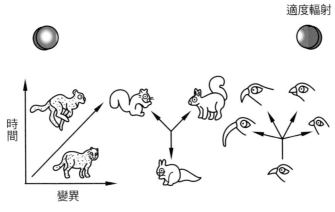

適度輻射

趨異演化

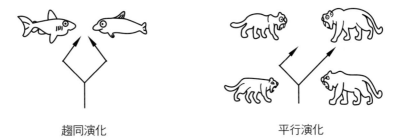

趨同演化   平行演化

3-28 生物界的演化關係與細胞遺傳學的證據

（一）生物界的演化關係

　　由生物界的系譜圖（右圖）可見，所有的生物都是從原始細胞演化而來，在原核生物階段分成三支，一支在各種極端環境中，經過漫長的演化形成甲烷菌、嗜熱菌、嗜鹽菌等各種古細菌；另一支演化出各種厭氣、好氧細菌，包括各種病菌和藍綠藻等形形色色的真細菌。

　　早期另有一支演化為原始真核細菌，並透過內吞入好氧的紫細菌，再經過內共生流程演化成具有粒線體的單細胞真核生物，即各種原生生物。

　　部分原生生物又透過內吞藍綠藻，經過共生形成具有葉綠體的光合真核生物。單細胞真核生物最終有三支演化形成了多細胞生物，即真菌、植物和動物。

（二）細胞遺傳學的證據

　　每種生物染色體的數目和形態都是相對固定的，據此可做為物種之間的比較。因此在分類上常採用核型（染色體組型）分析比較法來鑒定相關物種的親緣關係。

　　例如，人類、大猩猩、黑猩猩和短尾猿的體細胞染色體十分相似，但每條染色體，在形態結構和內容上有所差異，從右圖可以看出，人的第 7 條染色體上具有的 A、B、C、D、E、F、G 之 7 個片段，在大猩猩、黑猩猩、矩尾猿相關的染色體上都有，但染色體結構以大猩猩和黑猩猩與人的染色體最為相似，由此得到人與猩猩的親緣關係如右圖所示。

　　另外，在高等植物中，染色體的多倍化是形成新物種的一個重要途逕，在這些族群中，經常依照染色體的數目而形成系統。例如，小麥所屬的染色體基數 X=7，而單粒小麥、二粒小麥和普通小麥的體細胞染色體數分別為 14、28 和 42，此三種模型形成一個系統，後二者皆為多倍體。

小博士 解說

　　單細胞真核生物最終有三支演化形成了多細胞生物，即真菌、植物和動物。

　　每種生物染色體的數目和形態都是相對固定的，據此可做物種之間比較。因此在分類上常採用核型（染色體組型）分析比較法來鑒定相關物種的親緣關係。

生物界的演化關係與細胞遺傳學的證據

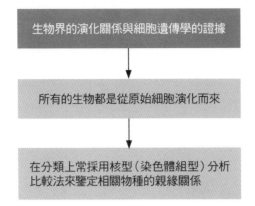

細胞遺傳學的證據

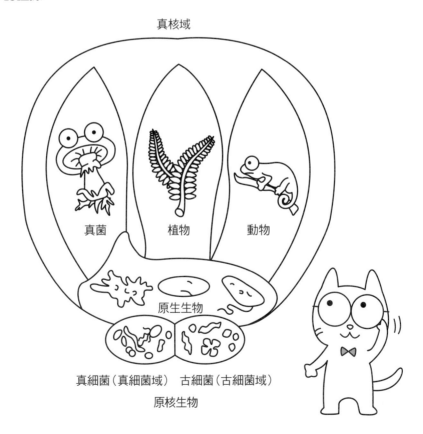

第4章
倫理與社會問題

　　科學是一把雙刃劍，生物技術發展為人類帶來了鉅大的利益，同時也帶來了某些潛在的威脅和社會倫理等問題。生命科學與人類社會的關係比其他任何自然學科都更加密切，它關係到每一個體的命運和前途。生物技術給人類帶來的負面效應儘管比正面效應小得多，還是會理所當然地引起人們的高度關注和激烈爭論。生物技術領域涉及的人類安全和社會倫理問題有許多層面，下列內容僅簡略地討論其中最主要的核心問題。

嬰兒的誕生（合法授權自CAN STOCK PHOTO）

4-1 基因轉殖技術的安全性問題

基因工程是現代生物技術發展最快的領域，其核心技術是在基因層級上加以操作，改變已有的基因，改良甚至創造新的物種。

DNA 是生命的藍圖，基因一旦被加以改動，一方面可能引起生物體內一系列未知的結構與功能的變化；另一方面，基因轉殖操作對生物體的影響會透過遺傳傳遞，產生無數拷貝並代代相傳。

如果基因轉殖技術應用不當，一旦產生不良後果，其危害會不斷延伸和傳遞。例如，人們普遍關心，外源基因引入生物體特別是引入人體之後，是否會影響其他重要的調節基因，甚至會啟動原癌基因？

基因轉殖技術的廣泛應用是否會導致難以消滅的新病原物的出現？

是否會造成生態學的大災難？

人類攝食大量基因轉殖食品是否會影響人類及其後代的健康？

這些問題到目前還難以用確切的實驗證據來作出明確的答覆，因為某些影響和功能目前還難以檢測，或者還需要經過對幾代人的分析後才能下結論。另外，宗教界與生物保護組織提出種種理由反對基因轉殖技術應用則是另一層面的社會問題。

小博士解說

科學是一把雙刃劍，生物技術發展為人類帶來了巨大的利益，同時也帶來了某些潛在的威脅和社會倫理等問題。生命科學與人類社會的關係比其他任何自然學科都更加密切，它關係到每一個體的命運和前途。

生物技術給人類帶來的負面效應儘管比正面效應小得多，還是會理所當然地引起人們的高度關注和激烈爭論。生物技術領域涉及的人類安全和社會倫理問題有許多層面，以下僅簡略討論其中最主要的問題。

有關基因轉殖技術的安全性問題，因為某些影響和功能目前還難以檢測，或者還需要經過對幾代人的分析後才能下結論。另外，宗教界與生物保護組織提出了種種的理由來反對基因轉殖技術應用則是另一個層面的社會問題。

人們普遍關心的問題

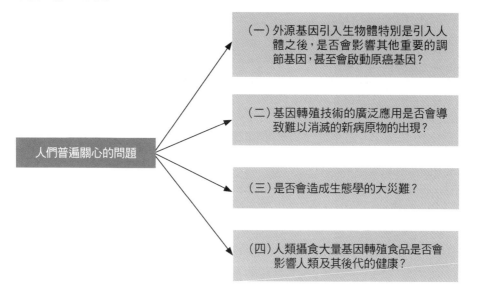

人們關注基因轉殖食物的安全問題

╋ 知識補充站

　　基因工程技術還被應用於環境保護，例如，運用基因轉殖微生物吸收環境中的重金屬，化解有毒與有害的化合物與處理工業廢水的問題。

4-2 複製人所造成的倫理問題

　　自從 1997 年複製羊「桃莉「問世以後，很快在全世界引發了一場複製人問題的激烈討論。從理論和技術層面上看，實現人的複製是完全可能的。

　　很多人憂慮，在複製階段，如果有關胚胎發育的基因重新編排或者啟動不完全，對新生兒可能產生什麼嚴重後果呢？

　　複製技術一旦用於人類本身，人類新成員就可以被人為地創造出來，成為實驗室的高科技產物，他們不是來自合乎法律與道德標準的家庭，兄弟、姐妹、父母、子女之間組織與家庭的巨大衝擊。

　　複製動物技術發展引發的威脅人類社會現有法律、倫理、道德和觀念的問題是人類必須面對的嚴峻挑戰。因此，在複製羊誕生不到兩個月的時間內，美國、英國等許多國家政府都明確宣布不支持任何將複製技術應用於人類的研究。

　　2001 年義大利和美國的 3 位科學家聯手推出了複製人的計畫，並宣稱，如果遭到有關法律的禁止，它們將在公海上執行該項計畫。

　　2001 年 8 月 7 日，支持與反對複製人的科學家們，在美國國家科學院進行了科學界第一次人類複製問題的正面交鋒。也有人提出，應該支持器官複製和幹細胞培養和分化器官，用於醫學和臨床治療。

小博士解說

　　自從 1997 年複製羊「桃莉」問世以後，很快在全世界引發了一場複製人問題的激烈討論。

　　1997 年 2 月 24 日，英國「泰晤士時報」刊登一則消息；世界上第一頭無性繁殖的「複製羊」已在七個月前，在英國愛丁堡羅斯林研究所誕生。這個消息首先在生物學界引起轟動，隨後，很快波及到各國倫理學界、醫學界、政界……並引起全世界老百姓的關注。

　　在一時之間，「複製」這個名詞已不再是生物學家們所獨享的專業術語，不管人們瞭解程度如何，「複製」已經成了上至國家政要下至平民百姓經常掛在嘴邊的時髦口頭語。

複製羊與複製人相關事宜的年表

年表	複製羊與複製人相關事宜
1997年2月24日	英國「泰晤士時報」刊登一則消息；世界上第一頭無性繁殖的"複製羊"已在七個月前，在英國愛丁堡羅斯林研究所誕生。
2001年	義大利和美國的3位科學家聯手推出了複製人的計劃
2001年8月7日	支持與反對複製人的科學家們，在美國國家科學院(NAS)做了科學界第一次人類複製問題的正面交鋒

✚ 知識補充站

　　一個被稱為「桃莉」的小小綿羊，為何會引起人們如此大的興趣，成為政府講壇與街談巷議的熱門話題？這是因為科學們破天荒地採用複製的成年哺乳類動物的體細胞，運用核移植無性繁殖技術，成功地培育複製出了與親本一致的動物生命體。這項技術的成功標誌了生命科學與生物技術的重大突破和進展，預示了重要的科學價值和巨大的商業效用；在另一層面而言，「複製羊」之後有可能進一步研究「複製人」，如果出現了「複製人」，又會產生怎樣的社會、倫理後果？事關人類自身生命的創造與演化，無法不使人們予以關注、提出疑問、作出反應。

　　羅斯林研究所是英國著名的生物學研究中心，該所的科學們以前曾用複製技術培育出一些兩棲類動物，但從未在哺乳類動物身上獲得成功。此次該研究所的維爾穆特與他的同事們花了三年時間，經過數百次失敗，終於用一頭六歲成年母綿羊的乳腺細胞無性繁殖出了一頭小綿羊。維爾穆特在欣喜之際，用他所喜歡的美國鄉村歌手桃莉·芭頓（Dolly Parton）的名字給這頭可愛的小綿羊命名，於是「桃莉羊」便成了世界上家喻戶曉的小羊。人們透過「桃莉羊」還知道了「複製」一名詞，進而或多或少對複製技術有所了解，而且，聚焦於複製技術話題展開了激烈的爭論。

4-3 個體基因資訊的隱私權問題

在人類基因組計劃（Human Genome Project）建立之初，科學家們就十分聚焦於基因組資訊如何被正確地應用和個體與社會的利益如何有效地被保護等問題。為此，身為人類基因組計劃的一部分，還特別設立了人類基因資訊利用的倫理、法律和社會影響計劃，稱之為 ELSI 項目（Ethical, Legal and Social Implication Program）。

ELSI 項目目前主要聚焦下列四個層面：

（1）在應用和解釋基因資訊時的隱私權和公正性；

（2）基因資訊由實驗室研究向實際醫療應用的轉化；

（3）人類基因組計劃參與者相互協調和成果發布；

（4）公眾與專業教育。

之所以設立 ELSI 計劃，另一個重要原因是許多人擔心現代生物技術的研究結果會給某些人提供種族或個體歧視的藉口或依據。某些種族學說者會根據不同族群基因組的差異，將人類分成不同優劣等級，甚至據此執行其侵略與滅絕種族的暴行。

個體基因資訊的隱私權更是一個實際的問題。人類基因組計劃的加速完成，一層面使我們能夠鑒定或預測越來越多的與疾病相關的基因並設法治療這些遺傳疾病，但另一層面，個體的基因資訊資料由誰來負責保管、保護和保密，有基因缺陷或差異的人在社會活動中是否能受到真正平等和公正的對待。

提出這些問題是因為個體基因資訊的洩露，可能會得到不正確的解釋或推測，也必然會影響一個體的升學、求職、婚姻、人壽保險費用與醫療保險費用及其他待遇等一系列的問題。

小博士 解說

人類基因資訊利用的倫理、法律和社會影響計劃，稱之為 ELSI 計劃（Ethical, Legal and Social Implication Program）。ELSI 計劃目前主要聚焦於下列四個層面：

（1）在應用和解讀基因資訊時的隱私權和公正性

（2）基因資訊由實驗室研究向實際醫療應用的轉化

（3）人類基因組計劃參與者相互協調和成果發布

（4）公眾與專業教育

ELSI 計劃

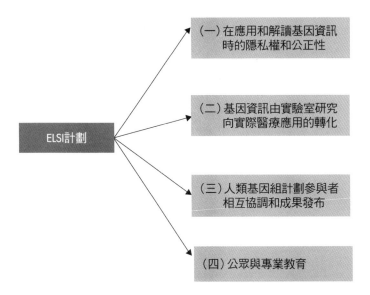

ELSI計劃
- (一)在應用和解讀基因資訊時的隱私權和公正性
- (二)基因資訊由實驗室研究向實際醫療應用的轉化
- (三)人類基因組計劃參與者相互協調和成果發布
- (四)公眾與專業教育

✚ 知識補充站

　　個體基因資訊的隱私權更是一個實際的問題。人類基因組計劃的加速完成，一層面使我們能夠鑒定或預測越來越多的與疾病相關的基因並設法治療這些遺傳疾病，但另一層面，個體的基因資訊資料由誰來負責保管、保護和保密，有基因缺陷或差異的人在社會活動中是否能受到真正平等和公正的對待。

第5章
達爾文與演化論

地球上多樣化的生物是如何從最早的微生物演化而來，此問題困擾了人類很多年，達爾文的演化論，將帶領我們逐步地揭開此神秘的面紗。

查爾斯・達爾文：達爾文出生在名醫世家，他的祖父依拉斯模也是著名的生物學家，依拉斯模突顯了演化論的觀點。

5-1 保持自然界的平衡

（一）生物之間的生存競爭

在自然界中，競爭無所不在。在理論上，一株一年生的草本植物，即使一年只結兩粒種子，只要 20 年的時間，就會有兩百萬株的後代；一對大象交合只需要 750 年的時間就會有一千九百萬個後代。

然而，它們並沒有遍布全球，因為各式各樣的生物形成了奇妙的食物鏈，而沒有一種生物可以無限制地繁殖。每一種生物所具的獨特結構都是為了生存下去，生物之間相互依存、相互競爭，其結果就是自然的和諧與平衡。

在一片森林中，我們會看到樹木生長的大小與茂盛程度是大異其趣的，此種現象就闡明了生物之間存在著殘酷的競爭，為了各自的生存和爭取到更佳的條件。

（二）個體並不會毫無限制地盲目增加

當達爾文還在思考到底是誰在自然界中擔任「選擇」的大任時，他知曉了馬爾薩斯（Malthus）的理論。馬爾薩斯認為，人口是以幾何級數（Geometric Series）增加的，而食物是以算數級數（Arithemetic Series）增加的，因此人口的增加必定會導致食物的不足，從而引發大饑荒的現象。

此外，他還認為，戰爭的威脅也能有效地控制若人口的成長。此一想法對達爾文的影響很大。亦即，就像育種專家可以對飼養和栽種的動植物加以篩選一樣，自然界中也存在同樣的選擇。

適應環境的個體能夠存活，這就使得生物朝向適應環境的方向發生變異。於是，自然界的此種選擇，使得自然界中出現了一種動態的平衡，從而使生物個體的數量保持著相對的均衡狀態。

小博士 解說

大自然中的生物無時無刻不在做各種競爭，在殘酷的競爭之中，贏家才能存活，使得自然界中出現一種獨特的動態平衡，從而使生物個體的數量保持著相對的均衡狀態。

自然界中獨特的動態平衡

保持生態均衡狀態的熱帶雨林（Tropical Rain Forrest）：熱帶雨林是一種茂盛的
森林類型，在此陰溼之地看不到天空，滿布苔蘚，潮溼悶熱。但是由於生物的多
樣化（Diversification）所致，形成了獨特的生態系統。

馬爾薩斯（Malthus）的人口論

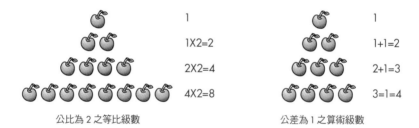

人口論

✛ 知識補充站

適應環境的個體能夠存活，這就使得生物朝向適應環境的方向發生變異。於是，自然界的此種
選擇，使得自然界中出現一種動態的平衡，從而使生物個體的數量保持著相對的均衡狀態。

5-2 達爾文的物種起源論

（一） 物種起源論的核心內容

　　「物種起源論」是「依據天擇或者在生存競爭中，適者生存的物種起源論」的簡稱，達爾文自己形容「物種起源論」為一個非常艱澀難懂的課題，為了使人們更容易讀懂他的理論，他從最簡單的事情開始講述，從人們所熟知的家庭飼養下的動植物的變異著手，指出在自然狀態下普遍存在著變異，並且闡述了變異的一般性規律。

　　此部著作還論述了自然界到處存在著生存競爭，只有贏家才能夠存活，不適應環境者逐漸滅絕的天擇原理，深刻地透視了天擇的意義在於逐漸累積每一個微小的變異，在突變中出現了新的物種，自然界中的所有物種都是由其他物種所衍生出來的。

　　他還針對演化論的種種質疑加以解答，並對生物在地質年代中的演化、生物在地理上的分布和生物之間的親緣關係加以論述。

（二） 物種起源論尚待改進

　　「物種起源論」相當通俗易懂，達爾文運用了最少的專有名詞來完成此部著作，向人們展示了生物演化的證據，並解讀了天擇是如何使物種發生變化的。但是，達爾文的演化論也有很多缺失之處，例如他只承認生物之間存在著自然競爭，但卻忽略了生物之間彼此合作的關係，實際上生物之間普遍存在了既競爭又合作的競合關係。

小博士解說

　　達爾文運用了最少的專有名詞來完成此部著作，向人們展示了生物演化的證據，並解讀了天擇是如何使物種發生變化的。

　　達爾文演化的核心觀念為他在大量觀察證據的基礎上，經過精心構思所形成的天擇說。他在 1859 年所發表的「物種起源論」一書中，運用令人信服的資料證實，物種是可變的。一個物種是由以前所存在的物種演化而來的。每一種族群乃至於整個生物界皆具有共同的祖先。

　　達爾文認為，物種形成的主要因素為可遺傳的變異、選擇（包括天擇與人為選擇）與隔離。而天擇為推進自然界演化的關鍵性決定力量。

　　達爾文學說的主要觀點為：

　　（1）變異法則

　　（2）生存競爭

　　（3）選擇的功能

　　（4）物種形成

　　而達爾文演化論中關於可遺傳變異問題仍是一個懸而未決的問題。達爾文本人較為傾向於接受拉馬克所倡導的獲得性狀遺傳，認為環境所引起的變異可以遺傳。而生物學家魏斯曼則提出遺傳的種質與體質完全分離的觀點，他認為生活條件主管是對體質發揮功能（獲得性），因而是不能遺傳的，只有種質發生了變化，才能遺傳給下一代。而孟德爾遺傳理論被認為是支持後一種觀點。被後來有關基因突變與遺傳重組的研究也有力地支持與發展了達爾文學說。

達爾文學說的主要觀點

```
達爾文學說的主要觀點
```
```
(一)變異法則    (二)生存競爭    (三)選擇的功能    (四)物種形成
```

物種起源論

發表之前的插曲

1858 年 6 月 18 日，達爾文收到了生物學家華里斯（Wallace）的一篇學術論文綱要，其核心內容為天擇對物種變異的關鍵性功能。

物種起源論的出版

1858 年七月一日，達爾文在林奈學會上發表了物種起源論。

> **✚ 知識補充站**
>
> 「物種起源論」是「依據天擇或在生存競爭中，適者生存的物種起源論」的簡稱，達爾文自己形容「物種起源論」為一個非常艱澀難懂的課題，為了使人們更容易讀懂他的理論，他從最簡單的事情開始講述，從人們所熟知的家庭飼養下的動植物的變異著手，指出在自然狀態下普遍存在著變異，並且闡述了變異的一般性規律。

5-3 優勝劣敗，適者生存

（一）地球上的生物

地球上存在著 170 萬種生物，其中動物超過 120 萬種，植物超過 30 萬種，在動物中，約有 80 萬種為昆蟲。地球上一半以上的生物屬於昆蟲類，此現象也證實昆蟲為地球上演化得最成功的生物。

地球上的生物都是從那些誕生在三十億年前的原始生物演化而來的。在生物演化的流程中，會有些新的生物誕生，也會有些生物滅絕，而演化論即為揭開此一謎團的關鍵性科學研究。

（二）生物為了適應環境，而以各種形態存在。

地球上有許多種形態各異的生物，但是只有適應環境的物種才能夠生存，而動物的形態為決定它們生存的必要條件。長頸鹿長脖子的原因為：既可以讓它吃到長在高處的樹葉，也可能幫助它儘快發現在遠處的敵人。

除了長頸鹿之外，在地球上，還存在著各式各樣、千奇百怪的動物。既有體重三公克的地鼠，也有重達 130 噸的鯨魚，有的生活在地上，也有的生活在地底下，所有的動物為了適應生存的環境，都具有其獨特的外型。

小博士解說

地球上存在各式各樣的生物，在漫長的演化流程中，只有能夠適應環境的物種才能夠生存下去。

在生存競爭中，對生存與生殖有利的變異，那怕再微小，也具有較多的被保存的機會，而不利的變異，那怕再微小，也具有較多的被淘汰的機會，此即為「物競天擇，適者生存」的天擇法則。天擇發揮功能的三大要素：一是存在變異，二是變異能夠遺傳，三是不同的變異對環境的適應力有所差異。

現在許多家畜與栽培植物都起源於野生族群，它是在人們有計劃的選擇之下，使得也有益於人類的變異直逐漸累積與強化的結果。人為選擇實際是在人為主導之下的優勝劣敗流程。人為選擇也有三大要素：一是存在變異，二是變異能夠遺傳，三是人類對變異可以根據自己的目的來選擇。人為選擇與天擇都能促進生物的演化，但最終的結果可能大異其趣甚至完全相反。

天擇發揮功能的三大要素

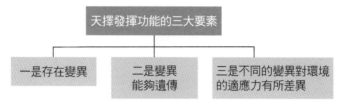

人為選擇的三大要素

地球上的動物

地球上約有 120 萬種動物

地球上約有 120 萬種形態各異的動物，它們與人類一起生活在地球上。其中種類最多的為昆蟲，昆蟲也是演化最為成功的動物。

在約 120 萬種的動物之中　　　非昆蟲類動物　　　昆蟲類約占
　　　　　　　　　　　　　　　約占 40 萬種　　　　80 萬種

動物的分類

動物界大概可以分為 30 個主要的類別，將具有相似身體特色的動物歸類為同一門。

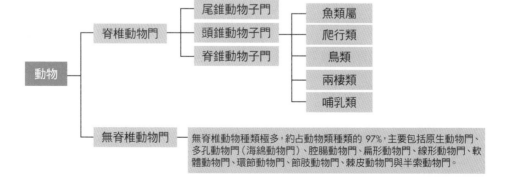

5-4 遺傳、變異與演化的必然性

（一）遺傳到底是主動還是被動？

此爭論直接關係到獲得性遺傳理論。以長頸鹿的脖子為例，長頸鹿的脖子究竟是在要吃到高處樹葉的努力中，而逐漸變長的呢？還是脖子天生就很長？長頸鹿就是因為有此種能吃到高處樹葉的優勢，而沒有被環境所淘汰，此種「獲得性是否遺傳」的爭論，是爭議最多的問題。

（二）基因變異

生物演化的活動是從基因的變異（出現不同的性狀）開始的，但是基因具有極強的穩定性，此種由基因的變異而導致演化的理論，與基因的穩定性相互矛盾。在達爾文的演化論中，提出了長頸鹿的脖子是由於基因的突然變異而變長的解讀，但也有理論反駁說，長頸鹿的脖子是由不會突然變異基因的變化而變長的。

（三）演化是必然？還是偶然？

達爾文所提出的自然淘汰論，認為演化是在偶然的情況下所產生的，並不具有必然的方向性。那麼長頸鹿的脖子究竟是偶然長長的呢？還是受到必然因素的影響而變長的呢？

小博士 解說

達爾文學說的主要觀點為：

（1）變異法則

生物族群中的不同個體之間廣泛存在著各式各樣的變異，變異是生物固有的屬性，有些變異可以遺傳，有些不能遺傳，只有可遺傳的變異對生物演化才有意義。

（2）生存競爭

由於生物具有相當大的繁殖力，具有增加個體的傾向，但生物生存的環境是相當有限的，從而出現繁殖過剩的現象。因此，生物之間必定存在著生存競爭。達爾文認為，在同種生物之間，由於生存的環境相同或者類似，其生存競爭最為激烈。

（3）選擇的功能

在生存競爭中，對生存與生殖有利的變異，那怕再微小，也具有較多的被保存的機會，而不利的變異，那怕再微小，也具有較多的被淘汰的機會，此即為「物競天擇，適者生存」的天擇法則。天擇發揮功能的三大要素：一是存在變異，二是變異能夠遺傳，三是不同的變異對環境的適應力有所差異。

（4）物種形成

透過選擇使有利的變異逐代累積，族群與其祖先會出現明顯的性狀分歧，在隔離與中間類型滅絕的情況下，將逐漸形成新的物種，產生新的適應力。

達爾文學說的主要觀點

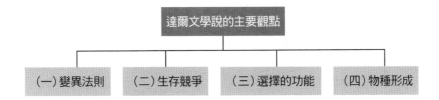

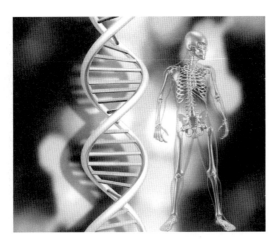

遺傳變異為演化的基礎（授權自 CAN STOCK PHOTO）

✚ 知識補充站

　　突變、基因流動、基因漂變與天擇可以改變生物的演化，在大環境發生變化時，族群的結構會發生變化，如果能夠適應環境，則存活率較高，遺傳變異為演化的基礎，天擇會決定演化的方向，在生物發生演化時，基因頻率會改變，在環境穩定、無突變與無遷徙時，則基因頻率不會改變。

　　遺傳變異的突變透過減數分裂與受精作用的遺傳重組，突變是生物演化的基礎，突變基因（隱性）大部分是有害的，突變的機率相當小，突變到底有利還是有害須視生活環境而定。

5-5 拉馬克的演化論思想（一）

（一）拉馬克演化論的基本思想

生物學家拉馬克首次提出了物種變化的學說，他在 1809 年所發表的「動物學哲學」一書中，拉馬克論證了生物是由簡單生物向複雜生物「變異」的流程，他首先提出了「用進廢退」法則與「獲得性特色遺傳」法則。生物「變異」的原因是生物體內固有的進步傾向與生物所存在的外部環境所造成的影響。

博物學家拉馬克是第一位提出生物演化學說的人，雖然他的理論遭到了各方人士的批判，但是他的理論為達爾文演化論的誕生提供了理論的基礎。1809 年，拉馬克（Lamarck）出版了「動物的哲學」一書。在此書中，他系統地闡述了他的演化學說。他認為生物的物種（Species）不是固定的族群，而是由以前存在的種衍生而來的。他看到，在生物的個體發育中，因為環境不同，生物個體有相應的變異而跟環境相互適應。例如，年幼的樹木在密密麻麻的森林中，為了爭取陽光，就長得較高；多數鳥類善於飛翔，胸肌就發達了。

他提出了生物演化的兩個著名法則：一是「用進廢退」，二是「獲得性遺傳」。並認為這兩者既是變異產生的原因，又是適應環境的流程。

環境條件的改變，首先會引起生物需求上的變化，進而引起行為上的變化。如果新的需求是經常的，那麼，一種動物由於若干世代中經常使用某種器官，就會使得該器官得到發展；反之，少用甚至不用某個器官，該器官就會愈逐漸退化以致於完全喪失，此即為用進廢退。

由於環境影響或者用進廢退所獲得的變異性質，可以透過繁殖遺傳給後代，這就是獲得性遺傳。

拉馬克列舉了一些例子來說明這兩個法則。例如，生活在黑暗洞穴中的盲鼠和洞穴中的魚，由於長期不用眼睛而失去視覺。

最有名的例子是長頸鹿（Giraffe），拉馬克認為長頸鹿原來的頸並不長，只是因為其祖先生活在食物貧乏的環境裡，必須伸長頭頸去吃高樹上的葉子，這樣就使其頸部和前肢慢慢地長了起來，如此一代代地累積下去，終於形成了現代的長頸鹿。

拉馬克的演化學說是第一個比較明確的演化理論，推翻了物種不變論，為達爾文的演化理論的產生作出了相當程度的支持與貢獻。但是他所提出的用進廢退和獲得性遺傳，卻缺乏科學的實驗證據。

（二）環境的塑造力

拉馬克提出了高等生物是由低等生物演變而來的觀點，即在變異的流程中，外部環境的影響發揮了很大的功能。

在生物形態發生變異時，經常使用的器官因為發達而變大，相反的，不常使用的器官因為退化而變小，此即為拉馬克的「用進廢退學說」。

拉馬克所提出的生物演化的兩個著名法則

拉馬克提出了生物演化的兩個著名法則

一是「用進廢退」　　二是「獲得性狀遺傳」

拉馬克之「用進廢退」及「獲得性遺傳」理論

長頸鹿原本脖子短，無法吃到較高樹枝的葉子　　為了設法吃到較高處的葉子，長頸鹿的脖子愈拉愈長，並遺傳此特質給下一代

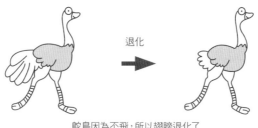

退化

鴕鳥因為不飛，所以翅膀退化了

退化

花鼠因為在土中生活，所以眼睛退化了

✚ 知識補充站

　　第一個提出系統的生物演化學說的學者為法國生物學家拉馬克，他提出了生物演化的兩個著名法則：一是「用進廢退」，二是「獲得性狀遺傳」。用進廢退是指生物使用得較多的器官會變得發達，使用得較少的器官會逐漸退化。此外，拉馬克認為生物演化為具有方向性的單向漸進流程，即每種生物都是由比較低等的祖先逐漸邁向高等物種。達爾文本人比較傾向於拉馬克所倡導的獲得性狀遺傳，認為環境所引起的變異可以遺傳。

　　而達爾文演化論中關於可遺傳變異問題仍是一個懸而未決的問題。達爾文本人較為傾向於接受拉馬克所倡導的獲得性狀遺傳，認為環境所引起的變異可以遺傳。

5-6 拉馬克的演化論思想（二）

（三）被廣泛接受的「用進廢退學說」

拉馬克的學說認為，生物的器官是在不斷的使用中，變得更加發達，長頸鹿的祖先很久以前即開始吃樹葉，隨著它們不斷地向上伸脖子而可以吃到樹葉，它們的脖子會越伸越長，此一性狀又會隨著它們的繁殖而遺傳給後代。在經過很多代之後，就產生了脖子長長的長頸鹿。

像駝鳥那樣不飛的鳥翅膀就會退化，在土中生活的老鼠與在深海中生活的魚眼睛會退化，還有在高空中即能發現獵物的鷹眼，正是因為經常使用，才比別的生物更加發達。

（四）獲得性遺傳理論

根據拉馬克的用進廢退學說，某種生物為了生存而進行的各種活動中，經常使用的器官會變得越來越發達。但是如果此種發達的變異不能延續給後代，則物種的演化就無法實現。

因此拉馬克認為，生物個體能夠將它經過變異而發達的器官直接遺傳給後代，而後代天生具備已經發達的器官，此即為「獲得性遺傳理論」。

（五）進步的傾向導致變異

獲得性又稱為獲得的性狀，是指生物在後天所獲得的性狀。我們現在都知道遺傳是上一代透過基因，將性狀傳遞給下一代。然而在那個年代，尚未發現基因，所以拉馬克認為，在生物體內，存在著掌管生物行為的一種液體，此種液體稱為「神經液」，它是造成生物組織，在使用增加的情況下，會產生演化的原因，身體的某一部分在大量使用時，就會吸收大量的此種液體，導致器官發達。在這些器官被經常使用時，會促使神經液的狀態更加活潑，將此種高度活潑的狀態直接遺傳。反之，此一理論也能有效地解讀駝鳥的翅膀因為不經常使用，而產生退化。

雖然生物本身所具有的進步傾向是導致變異的原因，但是變異的方式卻是由外部環境的影響所決定的。不同的生物由於經常使用的器官不盡相同，它們的變異方式也因此有所不同。在拉馬克的演化論中並沒有「滅絕」這一概念，他認為所有的生物都在持續地變異，而由簡單生物向複雜生物不斷地演化。

小博士 解說

用進廢退學說：用進廢退學說是拉馬克所提出的兩個重要理論之一，拉馬克認為經常使用的器官比不經常使用的器官要來得發達，而且此種性狀會遺傳給下一代。

獲得性遺傳理論

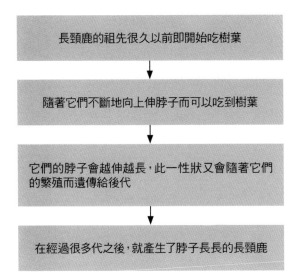

長頸鹿的祖先很久以前即開始吃樹葉

↓

隨著它們不斷地向上伸脖子而可以吃到樹葉

↓

它們的脖子會越伸越長，此一性狀又會隨著它們的繁殖而遺傳給後代

↓

在經過很多代之後，就產生了脖子長長的長頸鹿

「獲得性遺傳理論」是什麼？「獲得性遺傳理論」就是生物的每一次變化（獲得或者消失），都是由於環境的影響而產生並且遺傳給後代。

✚ 知識補充站

用進廢退是指生物使用得較多的器官會變得發達，使用得較少的器官會逐漸退化。

第6章
達爾文的物種起源論

「物種起源論」是一部劃時代的經典鉅著,提出了一個震撼 19 世紀社會基礎的理論:即人是由猴子演化而來的。地球上的一切生物,都是經歷了天擇演化而來的。

生物的演化多彩多姿(授權自CAN STOCK PHOTO)

6-1 天擇對於物種演化的影響

（一）變異

　　人們在飼養與栽種動植物時，經常會出現外型與特質發生變化的個體，此種現象稱為「變異」。達爾文認為，變異為生物的普遍現象。

　　一種植物從溫暖的南方被移殖到北方，會發生物種的變化，它的下一代也會跟著改變。還有人工飼養的乳牛乳房，因為長期的擠捏，比野生牛的乳房發育得更好，其雌性後代的乳房亦然。

（二）遺傳與變異

　　貓一生下來就會捉老鼠，此種現象是由遺傳所決定的。生物的習性具有遺傳性，生存環境可以改變生物的習性，並且把它遺傳給下一代。

（三）天擇與變異

　　當時，已經有所謂的「育種專家」存在。他們飼養家畜、栽種作物，並且交配出對人類有利的優良品種。例如，讓跑得快的賽馬交配，從而培育出跑得更快的賽馬。育種專家運用此種雌雄交配法來培育出有利於人類的優良品種。所以，賽馬、信鴿、寵物狗、肉食豬等都是天擇的結果。

小博士解說

　　生物的習性可以在一定條件下發生變異，並且將它遺傳給後代，人類可以運用有意或無意的選擇來培育有用的物種，賽馬、信鴿、寵物犬、肉食豬等都是天擇的結果。

　　天擇學說是達爾文演化論的重點，歸納起來，該學說的主要論點是：

　　（1）變異（Variation）

　　達爾文（Darwin）認為一切生物都有產生變異的特性。引起變異的根本原因是生活條件的改變。在眾多的變異中，有的變異能遺傳，有的變異不能遺傳，只有廣泛存在的可遺傳的變異才是選擇的對象。但在當時他也並不能區分可遺傳的變異和不遺傳的變異。

　　（2）天擇／適者生存（Natural Selection/ Survival for the Fitness）

　　達爾文認為，在生存競爭中，那些對生存有利的變異會得到保存，而那些對生存有害的變異會被淘汰，這就是天擇，或叫適者生存。他認為，天擇流程是一個長期的、緩慢的、連續的流程。由於生存競爭不斷在進行，因而天擇也不斷地在進行之中，透過一代代的生存環境的選擇功能，物種變異被定位地向著一個方向累積，於是特質逐漸和原來祖先的不同了，這就是新物種產生的流程。由於生物居住的環境是多樣化（Diversified）的，加上生物適應環境的方式也是多樣化的，因此，就形成了生物界的多樣性。

　　（3）生物性質和特色的變化往往是環境和遺傳互動的結果，在生物世界裏，透過天擇生物更加適應環境的例証非常多。例如，生長在不同環境背景下的螳螂等昆蟲，為了不被其他鳥類所捕食，便會演化出與環境背景相類似的偽裝保護色。

變異

天擇

當時的人們為了培育出優良品種的家畜與作物,已經知道讓具有優良品種的雌雄交配,此種行為稱為「育種」。

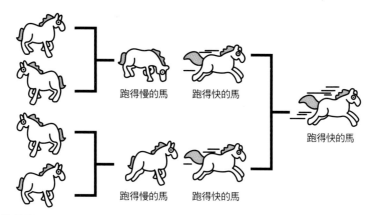

跑得慢的馬　　跑得快的馬

跑得快的馬

跑得慢的馬　　跑得快的馬

環境所造成的變異

同一種生物,在不同的環境中,會發生不同的變異

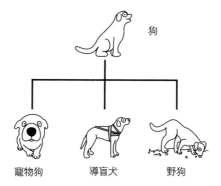

狗

寵物狗　　導盲犬　　野狗

✛ 知識補充站

天擇導致生物演化

生物演化是指地球上的生命從最初最原始的形式經過漫長的歲月變異演化為幾百萬種形形色色生物的流程。達爾文稱演化為隨著變異而演化,或隨著時間推移生物體發生了可遺傳的變化,而變化的發生是由於生物適應環境結果,即天擇(Natural Selection)產生了關鍵功能,所謂天擇實質上是自然環境導致生物出現生存和繁殖能力的差異,一些生物生存下去,另一些生物被淘汰。天擇的理論是達爾文演化論的核心,它解讀了生物演化的機制。因此,所謂的達爾文主義包含了兩個層面的基本含義:

(1)現代所有的生物都是從過去的生物演化來的;

(2)天擇是生物適應環境而演化的原因。

6-2 在自然情況下之變異

（一）在自然情況下之變異

在自然的情況下，存在著變異，就是此種最為尋常的變異，導致了生物的演化。在達爾文看來，生物的歷史就像一棵參天大樹，生物傳代的模式參天大樹的分支。從此種樹形結構上，可以明顯地看出，在自然情況下，生物的變異與演化的整個流程。

在很多情況中，生物從一個階段到另一個階段的差異，是由於生物的本性與長期居住環境的條件所導致的。而更加重要的是，生物具有適應環境的性狀，是由天擇的累積作用與器官的使用情況所決定的。

（二）越普通就越容易變異

即使是來自同一根樹枝的兩片樹葉，其在顏色、厚度、葉脈、葉輪等層面都有細微的差異，亦即存在著變異。「地球上並不存在兩片完全相同的樹葉」就是樹葉具有變異性，由於變異性而出現了個體的差異，此為形成新物種的必要條件。

一隻貓的後代，其形態、顏色、習性等層面，個體之間都具有相當程度的差異，並沒有完全相同的個體。越是最為平常的物種，就越容易有變異的現象出現，即使生活的條件出現了一些微小的變化，也會引起變異，並且遺傳到下一代。

所以，在自然界中，越是普通、數量越多的物種，就越具有生存的優勢，同時它們也更容易變異，從而產生能夠適應新環境的變種。

小博士解說

在自然界中，越是普通、數量越多的物種，就越具有生存的優勢，同時它們也就越容易變異，從而產生能夠適應新環境的變種。

達爾文天擇的理論既簡單又很深刻。按照該理論，自然界各種生物適應環境生存和繁殖的能力各不相同，那些最適應環境的生物具有最大的繁殖力和生存力，在競爭生存空間或賴以生存的自然資源時，那些對環境適應差的生物個體便會逐漸被淘汰。如此一代一代的競爭，必將導致生物族群可遺傳特色向著有利於生存競爭的方向變化累積，將隨著環境的變化而進化。

人們馴養動物和培育植物的流程是一種人工選擇，達爾文從人工選擇的結果中也獲得了有說服力的証據。那些飼養的動植物與自然繁殖種類相比，隨著時間延伸差異會越來越大。例如，犬科動物中，透過千年的馴養，飼養的狗發生了很大的變異，這是人工選擇的結果。達爾文提出，在相對短的時間內（幾百年或幾千年），人工選擇便產生了效果，而經過幾百或幾千代天擇，也必然會改變物種的一些特色和性質，即造成可遺傳性狀變化的累積，按不同方向變化和差異累積到一定程度，最終將導致新物種的出現。例如，由一個早先共同的犬類祖先經過長期的天擇，產生出 5 種犬科動物。

自然與變異

大象的演化

下面這幅圖是根據對大象化石的研究，描繪出大象的演化流程。目前的亞洲象與非洲象有很多共同的特色，因為它們來自於共同的祖先。

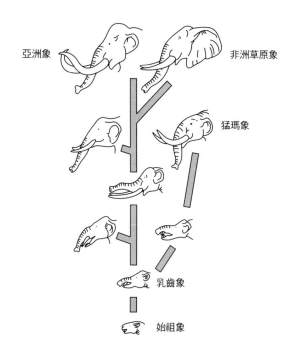

亞洲象　非洲草原象　猛瑪象　乳齒象　始祖象

沒有相同的生物

在自然界中，即使是同一種類的生物，也沒有完全相同的，就像是地球上並沒有完全相同的兩片樹葉一樣。七星瓢蟲為常見的生物，但是每隻瓢蟲背上的斑點位置都不完全一樣。

✚ 知識補充站

　　物種與變種：物種內每一個個體可能由於突變而發生變異，在天擇與人工選擇之下，此種變異會在種內不斷地擴散，最後形成某些遺傳性不同於原種的一個族群，此即為變種。物種的形成要經歷一個漫長而複雜的流程，在物種之中會出現很多變種，變種具有變成新的與明確的物種之趨勢。

6-3 物競天擇，適者生存

（一）適應環境才能生存

在自然界所存在的各種競爭中，無法適應環境的個體很難生存下去，而能夠適應環境的個體生存下去的機率較高。

能夠適應環境的個體能夠繼續生存下去，這就使得生物朝向適應環境的方向發生變異。於是，達爾文想到，天擇在經歷長時間之後，結果就會產生與祖先完全不同的新物種。

（二）自然淘汰

達爾文提出了一個問題，即為什麼所有生物的個體會維持在一定的數量。例如，魚會產出很多魚卵，而大部分是由魚卵所變成的小魚，在成長的流程中，會被各種捕食者吃掉。因此，最後能夠長大並產卵的魚相當地少。

因此，達爾文認為，生物個體並未增加的原因在於，自然界萬物之間存在著互相捕食的生存競爭。此種吃與被吃的生存競爭稱為自然淘汰，它是達爾文演化論的核心概念。

所以達爾文認為，環境篩選了適合生存下來的生物物種，不適應環境的個體即被自然淘汰，此即為「物競天擇，適者生存」，也是達爾文演化論的核心概念。

小博士 解說

達爾文認為，環境篩選了適合生存下去的生物個體，不適應環境的個體被自然淘汰，此即為「物競天擇，適者生存」，亦即達爾文演化論的核心概念。

從演化的角度而言，生命好比是一條有關訊息的漫漫長路。訊息在源頭起始之後，分成無數的歧路支流而分散出去，然後又匯聚成無數種變化多端的組合。在代代相傳的流程中，訊息會從此個體流到下一個個體，一路上指揮著新個體的成形與組合。每一個個體的成功將決定它所攜帶訊息的命運。訊息在往下游流的流程中，會經過一些萃取（Extraction）與篩選（Selection）的程度，把最實用的部分繼續傳給下一代，此種選擇性的訊息流動，說穿了就是演化機制（Evolution Mechanism）。

演化的主要機制：天擇（Natural Selection），嚴格說起來包括兩個步驟：即機會（Chance）和選擇（Selection）。「機會」指的就是一個族群中的訊息總量（即基因庫），會產生隨機的變化；「選擇」則是指非隨意地去蕪存菁。所謂「取其菁華」的物件，就是指那些對生存與繁衍後代有貢獻的物件。

機會與選擇總是相輔相成，兩個條件形成天擇。大自然會改變基因庫中的訊息；基因訊息的變化會改變生命的形式；生命的形式又會與環境互動（Interaction）；最後，環境將選擇最有利於該生命形式生存的變化（Vaviation）。於是，成功的變化被保留下來，並有機會被持續改善（Continuous Improvement），這可以說明為何我們周遭的一切生物，似乎都很能適應它們所處的環境，即適者生存（Survival for the Fitness）。不論各種動植物礦物，都算是演化流程中成功的實例。你知道嗎？地球上所有曾經存在過的生物中，超過99% 種皆已滅絕（Extinction）了！

生物的成長與淘汰

人口的成長

人口的成長以幾何級數增加，幾百年來，地球上的人口不斷地增加。

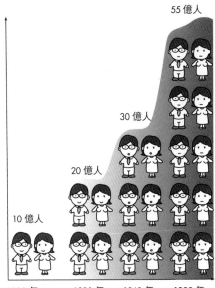

55 億人

30 億人

20 億人

10 億人

1830 年　1930 年　1960 年　1999 年

生物個體的增加

自然界所發生吃或被吃的「生存競爭」= 自然淘汰
自然界選擇了能夠適應環境的個體。此種選擇不斷地重覆，在經過很長的時間之後，便形成了適應環境的物種。

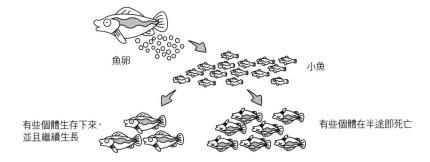

魚卵　　　　　　　　　　　　　　　　小魚

有些個體生存下來，　　　　　　　　　　　　　　　　有些個體在半途即死亡
並且繼續生長

✚ 知識補充站

　　機會加上選擇，形成了各種創意表現的基礎。機會造就新的事物：一種嶄新、完全無法預料（Unpridictable）的結果。選擇則專門篩選那些可以與現況吻合的創新（Innovation）。機會與選擇在一起運作之後，可以產生能夠充分適應環境的驚人結果，就好像事先量身訂做（Customization）的精品那樣。不過我們知道演化可能帶來非常複雜的結果，所以它不會、也不可能具有事先計畫好的目標。

6-4 生物變異的法則

（一）用進廢退

在自然的情況下，動物的器官使用與不使用的效果是相當明顯的。生活在南美洲大陸的笨重駝鳥，由於遺傳變異的原因，體重不斷地增加，當出現緊急狀況時，它已經不能用翅膀飛行來逃離險境，但卻能夠像四腳獸那樣，用腿來反擊敵人的進攻而獲救。生活在沙漠中的駱駝，由於乾旱缺水的自然條件，駝峰會演化，可以儲存養分，在胃中有很多的氣泡，可以儲存水，使駱駝在一段時間之中，不吃不喝也可以生存下去。任何蔓足類的植物，都是由背甲、發達的頭部與靈活的體節三部分所建構而成，其類似於人類，具有高度發達的肌肉、靈敏的神經網路，而一些受到保護與寄生的蔓足類植物，由於不使用的原因，它們的頭部已經退化了。上述這些現象即為用進廢退，經常使用的器官得到演化，而不經常使用的器官會退化。

（二）泛生論

物種在天擇的運作下，高度發達的變異器官會遺傳給下一代。達爾文為了說明變異的概念，提出了「泛生論」。他假設生物細胞的內部，都存在著微小的泛生粒。泛生粒能夠分裂繁殖，或移動到其他細胞內，並包含了來自於細胞的資訊。精子和卵子等生殖細胞內，聚集了來自體細胞（生殖細胞之外的細胞）的泛生粒，體細胞的變化也是由泛生粒傳達給生殖細胞。達爾文將此種體細胞變化的傳達稱為「泛生」。

小博士 解說

達爾文對自然界中，動植物變異現象的觀察，發現了生物用進廢退的特色，此種自然界中常見的現象即為生物的變異法則。

達爾文學說認為：

（1）最初的長頸鹿有長頸和短頸之分，一開始樹葉多得吃不完，而每隻長頸鹿都可以得到充足的食物。

（2）由於長頸鹿的大量繁殖，較矮的樹果和高樹下面的葉子首先被吃光。

（3）於是，脖子較短的鹿吃不到較高的葉子，而脖子較長的鹿卻能夠吃到高處的葉子。

（4）最後，脖子較短的鹿死亡，而脖子較長的鹿存活下來，其繁殖出後代的存活率也較高。

生物變異的法則

演化與退化

自然界中的生物，經常使用的器官就會導致演化。不經常使用的器官就會逐漸退化，從而喪失原有的功能。

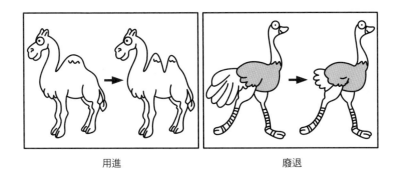

用進　　　　　　　　　　廢退

達爾文的「泛生論」

達爾文假設生物細胞的內部，都存在著微小的泛生粒。泛生粒能夠分裂繁殖，或移動到其他細胞內，並包含了來自於細胞的資訊，他將此種體細胞變化的傳達稱為「泛生」。

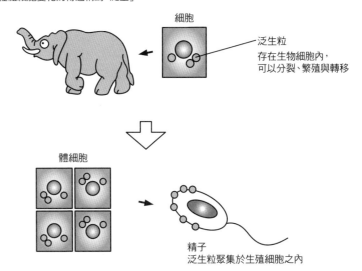

細胞

泛生粒
存在生物細胞內，
可以分裂、繁殖與轉移

體細胞

精子
泛生粒聚集於生殖細胞之內

✚ 知識補充站

　　第一個提出系統的生物演化學說的學者是法國生物學家拉馬克，他提出了用進廢退與獲得性狀遺傳法則。用進廢退是指生物使用地多的器官會變得發達，使用較少的器官會逐漸退化。此外，拉馬克認為生物演化為具有方向性的單向漸進流程，即每一種生物都是由比較低等的祖先逐漸向高級發展而來。

6-5 生物界天然存在的本能與雜交

（一）本能與天性

我們把人類和動物與生俱來的本領稱之為本能，例如剛出生下來的嬰兒會哭會笑會吃奶，蜜蜂一出生就會釀造蜂蜜等。根據天擇學說，在本能的改變中，習性伴演了關鍵性的角色，習性與本能相類似，但是本能並不會發生變異，而習性可以發生變異。例如，貓是老鼠的天敵，貓的本能就是會捉老鼠，但如果老鼠被捉光了，則貓也會捉鳥。

（二）雜交

雜種完全符合大自然的法則，許多動物都需要經過交配，才能夠生出後代，植物也需要透過授粉才能生成種子。但是，一些生物為了保證種族的繁衍，會進行雜交。經過相關實驗證實，無論是動物還是植物，雜交所產生的後代都會變得更加強壯，具有更強大的繁殖能力與生存能力，而近親交配所產生的後代，就會變得瘦弱不堪與降低繁殖力，此即為生物的天然機制。

（三）雜種的性質

物種雜交所產生的後代處於不同的變異法則。例如亞洲的貓與歐洲的貓在經過雜交之後，其所產生的後代可以生育。而同屬於一種物種的馬與驢所產生的後代：騾子就不能生育。還有老虎與獅子的後代有些可以生育，有些不能生育。

小博士 解說

生物界存在許多奇妙的現象，很多生物一生出來，即具有與生俱來的本領，生物雜交之後的產物具有更強的繁殖能力與生存能力，達爾文在他的演化論中，也對此種現象詳加研究。

生物界天然存在的性質

趣味盎然的演化論

動物的本能

很多動物與生俱來就具有一些能力,例如嬰兒一出生就會吃奶,蜜蜂一出生就會釀造蜂蜜。

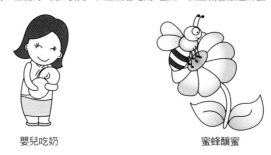

嬰兒吃奶　　　　　　　　　　蜜蜂釀蜜

雜交之後所產生的後代

生物為了保持旺盛的繁殖力,會自動自發地進行雜交,其所產生的後代較能適應環境而存活。

＋　知識補充站

　　第一個提出系統的生物演化學說的學者為法國生物學家拉馬克,他提出了生物演化的兩個著名
現代整合論對達爾文的演化理論進行了再造(Reengineering),從而提昇了達爾文演化模式對生
物演化現象的解讀能力,它在生物小演化的範圍內成功地解讀了透過環境選擇、性選擇、族群遷
移、區域隔離等流程,實現了生物的性質改變和新物種的形成。但是,隨著對生物演化現象了解
的不斷深入,人們越來越發現現代整合論對生物演化的說明能力是相當有限的,實際上傳統的生
物演化理論正面臨著新的嚴重的挑戰。

6-6 物種演化與性選擇

（一）從個體演化到物種

　　達爾文運用大量的相關事實證實了生物個體會發生「變異」，變異會從親代「遺傳」給子代，生物個體之間存在著「生存競爭」，此為演化論的三大核心理論。此外，在生育的流程中，人類會選擇對自己有利的個體來加以交配，此即為「人為淘汰」。同樣地，在自然界中，生物個體會「適應」各種環境，能夠適應環境的個體即為「適者」，適者透過「自然淘汰」而被篩選出來。

（二）雌性選擇雄性的性淘汰

　　由於雌性對雄性選擇的性淘汰，使某些雄性個體比其他雄性個體更處於有利的地位，如果雌性很多代都能持續選擇具有某種獨特而優質特色的雄性，則其子孫則會逐漸朝向有利的方向演化。

小博士解說

　　達爾文的演化論，除了一些有趣的現象之外，還有一些難題，生物是如何完成從個體演化到物種呢？動物的性選擇為何是雌性淘汰雄性？連達爾文也無法解答。

　　在演化流程中，新的物種不斷從某些舊的物種中產生，這個流程叫物種選擇（Species Selection）。而另一些的物種則完全滅絕（Extinction）。例如，在馬的演化歷程中，從四趾馬、三趾馬到一趾馬都出現過大批物種，但現存的馬、驢、斑馬等都只有一趾而四趾和三趾的近親物種都已滅絕。

　　中斷平衡學說進一步認為，滅絕是所有物種的最終命運。有人估計，地球上曾經生活過的物總數可能多達 5 億，其中絕大多數已滅絕。物種滅絕的型式可分為正常滅絕（Normal Extinction）和大規模滅絕（Mass Extinction）。

　　（1）正常滅絕是隨著新物種的出現，一些老的物種逐漸消亡，是演化中正常物種更替流程的一部分。

　　（2）而大規模滅絕是在相對較短的地質時期，大量物種的集群整體消失了，例如恐龍家族的滅絕。大規模滅絕在生物演化史中曾多次出現，地理和氣候條件的劇烈變化以及近年盛行的小行星（Asteroid）撞擊地球等擬劇變學說（Neo-Catastrophism）都可能是大規模物種滅絕的原因。據估計，每一個哺乳類物種的自然生存期限或者正常滅絕速度大約為 200 萬～500 萬年左右，但是人類活動的影響顯然大大加速了物種滅絕的速度。

物種滅絕的形式

演化論的難題

個體演化與物種演化

在不斷地重複之後，物種得到了演化。依據達爾文的演化論，演化的單位為個體。因此，個體變化如何延伸為物種變化為一大核心課題。

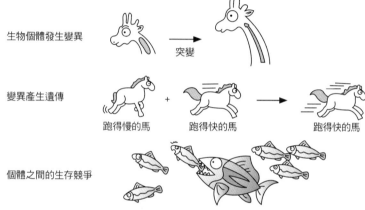

生物個體發生變異 　　　突變

變異產生遺傳　　跑得慢的馬 ＋ 跑得快的馬 → 跑得快的馬

個體之間的生存競爭

生物的性選擇

生物的性選擇是一種特殊的選擇，它賦與了一個美麗的詩篇。例如，它把最漂亮的飾物、最亮麗的色彩與最優美的歌喉皆賜予了雄性，但是選擇的權力卻掌握在雌性的手中。

雄孔雀的開屏是為了吸引雌孔雀的注意

公雞的漂亮尾巴也是為了吸引母雞的注意

> ✚ 知識補充站
>
> 　　當我們把生命的演化看成是一個複雜動力學系統的運動流程，我們就能從更廣泛的角度來研究這一特定的動力學現象。理論上講，生命的演化就變成系統透過混沌（Chaos）向其吸引子（Attractor）不斷逼近的流程，生物歷史上的大爆發，就變成了動力學系統躍遷和相伴的多態性實際呈現方式，生物群集滅絕現象暗示了某一層級動力學結構的制約性之存在，而生命演化的複雜性將來自它超循環結構各層級的相對獨立性和它們之間的複雜相關性等等。生命演化是複雜動力學系統運動表現的觀點也必將為生命起源和生物演化的關係搭起橋樑。當然，對系統論概念的了解，和對動力學流程的揭示還是兩回事，這也正是今後生物演化研究當中十分艱鉅的任務。

6-7 生物的親緣關係

（一）生物的分類與胚胎學

　　整個自然界是一個鉅大的生態系統，它們互相依存、互相協調，共同生活在美麗的地球上。自然界的所有生物都是可以分類的，在實際的分類流程中，可能會遇到各種困難，特別是生物的一些性狀，例如，生物體內的殘留器官與體內的骨骼皆為生物的漸進演化提供了充分的證據。

　　達爾文認為，生物都是在長期的演化流程中，由於變異與遺傳所形成的，所有近似類型的生物都可以去尋找胚胎學層面的證據。

（二）演化論與胚胎學

　　達爾文在研究的時候，發現了一個相當有趣的現象：很多生物的初期胚胎都十分相似，而在後來的發育流程中逐漸分化。而且此種相類似的特色，與生物的生存環境並沒有直接的關係。例如，人的手、蝙蝠的翅膀、海豚的鰭內都具有相似的結構；長頸鹿與大象的脊椎數目相同，結構也相似。

　　另外，在很多生物的身上，都可以發現一些並沒有實際用處的器官，例如，雄性動物的乳頭、駝鳥的翅膀、鯨魚胎兒的牙科在長大之後會消失不見。從這些現象來看，這些殘存的器官本身就相當清楚地證實了生物演化的流程，這些器官很少使用到，在天擇的運作下，就會慢慢地退化。

小博士 解說

　　在 19 世紀早期，比較解剖學家即認為，許多脊椎動物的四肢，其基本的結構具有內在的相似性，從而證實了它們之間的親源關係。

胚胎學的證據

生物的胚胎

達爾文在研究中發現，人的手可以用來抓東西，田鼠的爪子可以用來打洞，馬的蹄、蝙蝠的翼、海豚的鰭都有相類似的結構，所以他認為各種物種都是同一個祖先演化而來的。

人的手＝田鼠的爪子＝馬的蹄＝蝙蝠的翼＝海豚的鰭

演化的殘留痕跡

在人類的身體中，也殘留著演化的痕跡。

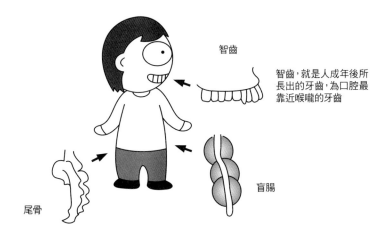

智齒

智齒，就是人成年後所長出的牙齒，為口腔最靠近喉嚨的牙齒

盲腸

尾骨

6-8 人類也是演化而來的

　　達爾文認為,任何其他生物皆擁有同一個祖先,他此一論點剛剛才提出,就遭到了大量的質疑,甚至一些支持「物種起源論」的粉絲也懷疑不已。

　　人類演化的發展可以分為五個階段:

　　(1)第一階段是狩獵與積聚,為簡單的部落社會的階段,開始於 200~300 萬年前。早期的原始人以狩獵獲取食物,能夠製造和使用簡單的石器,藉助於野獸的毛皮和使用火來禦寒,火的使用還改善了肉食品質,引起人的牙齒頷骨尺寸進一步減小,有利於大腦的增大和發育。為了提昇狩獵的效率,原始人成群活動並有了分工與合作,有了最簡單的語言,形成了簡單的游動的部落社會。

　　(2)第二階段農業的發展開始於 10,000~15,000 年前,部落不再到處游動,原始部落的人們在環境適合的固定場所居住下來,進行植物栽培和馴養動物,同時運用部分時間來從事狩獵活動。在此一階段,人類製造和使用工具的能力進一步增強,並逐漸開始製造陶器、銅器和鐵器,逐漸掌握了原始的繪畫和雕刻技術。之後,人類又發明了文字,更高效率地促進了文化的交流和累積。在此一階段還出現了鄉村和小城鎮。

　　(3)人類文化發展的第三階段是開始於 18 世紀的工業革命階段,更多的人進入城市,使用複雜的機器製造各式各樣的產品。從瓦特發明蒸氣機、飛機的發明使用和人類首次完成登月的壯舉,工業革命階段一直持續到現在。工業革命最大的成果是人類跳脫出自己的雙手,人們從繁重的體力工作中解脫出來之後,有了更多的精力和時間從事更複雜和更高級的腦力活動,以及從事文化的發展和交流。

　　(4)人類文化發展的第四階段,應該是近年來開始的資訊技術革命時代,它以電腦的普及和網際網路(Internet)廣泛應用為主要指標。資訊技術(Information Technology,IT)革命一層面使人的大腦得到擴展,腦力活動的效率空前地提昇;另一層面,資訊技術革命使人類活動與成果的各類資訊的傳遞更加及時,在知識爆炸和資訊爆炸的同時,知識與資訊又高效率與快捷地被傳遞、儲存與更新。因此,人類文化的發展和交流發生了前所未有的飛躍。

　　(5)如果說人類文化的發展出現了第五階段,那就是剛剛起步的生物技術革命時代。重組 DNA 技術、桃莉羊(Lamb Dolly)的複製(Clone)和人類基因組計劃(Human Genome Project)的基本完成是它起步的指標。而生物技術革命所要改造的對象是包括人在內的生命本身,DNA 重組技術、複製人技術和人類基因組定序技術的進展,最終將可能「改造」全新的人類,它將使人的壽命更長,體能更壯,智商(IQ)更高。一旦記憶可以移植,我們將會邁向怎樣的「美麗新世界」。

小博士 解說

　　人類在演化中創造了不斷發展的文化,反而言之,人類文化的發展又改變了生物演化的行程,人類不再透過天擇來被動地適應環境。但是,自從人類出現及迅速發展成為地球上龐大的族群,相當大地加快了地球環境的改變。人口的快速成長和對地球資源過度的開發應用,使唯一的地球不堪負荷。人類的活動和工業汙染損害了環境,破壞了生態平衡(Ecological Equilibrium),加快了許多動植物滅絕的速度。這些負面效應為 21 世紀人類所面臨的最嚴峻挑戰。

人類演化的發展的五個階段

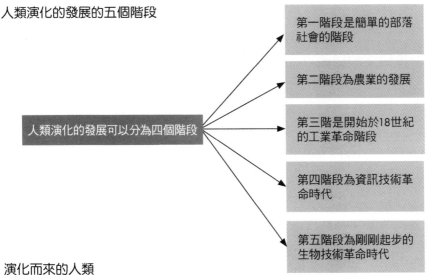

人類演化的發展可以分為四個階段

第一階段是簡單的部落社會的階段

第二階段為農業的發展

第三階是開始於18世紀的工業革命階段

第四階段為資訊技術革命時代

第五階段為剛剛起步的生物技術革命時代

演化而來的人類

人類演化譜系圖

據生物學家推測，地球上生物演化的整體模式為無脊椎動物、脊椎動物、靈長類動物、猿猴類動物與人類。

＋ 知識補充站

（一）人類演化的疑問

達爾文為了證實人類是從其他生物演化而來的，他試圖回答下列四個問題：

1. 人類也像其他動物一樣變異嗎？
2. 由於人類的人口急遽地增加，人類也在進行生存競爭嗎？
3. 人類的身體中殘留了演化的痕跡嗎？
4. 人類的心靈與道德也是演化而來的嗎？

（二）問題的答案

對於前面的兩個問題，因為人類也包含在所有的生物之中，達爾文在「物種原始論」中即已作出回答。

首先，人類身體上的智齒與盲腸雖然現在不用，但過去曾經用過，而尾骨則是尾巴所遺留的痕跡。這就回答了第三個問題。

第四個問題的答案是：達爾文認為，較為接近人類的類人猿與人類一樣，具有喜怒哀樂的情感，這些情感在演化之後更為優良，此即為人類的心靈與道德。

6-9 演化論被接受的原因

（一）達爾文的結論

達爾文相信，自然界中的生物不斷地改善，遵循著對個體充分有用的無數輕微的變異。而且，由於生存競爭的普遍存在，生物的所有本能，都呈現出明顯的個體差異。達爾文確信：物種在悠久的歷史時期中，一定發生過相當程度的變化，而且是透過無數連續的、輕微的與有利的變異來進行天擇而產生的。

達爾文的演化論，對人類的起源與打破神創論發揮了關鍵性的功能。

（二）新時代的需求

進入 19 世紀，人們開始相信自然科學可以解讀人類世界的一切事務，而且，隨著資本學說與殖民學說時代的來臨，演化論儼然成為新的需求。對於信仰資本學說與自由經濟的資本家而言，「自然淘汰」、「優勝劣敗，適者生存」「生存競爭」無疑是一種嶄新的武器，用來對抗主張弱勢者立場的社會學說者與不喜歡變化的保守學說者。

小博士解說

達爾文的演化論被接受的根本原因，在於自然科學的進步與「神創論」的破滅，同時，此也象徵了時代的進步，達爾文的演化論，從那時候開始，即對生物學家有所啟發。

後達爾文主義（Post Darwinism）是在達爾文的天擇學說、基因學說以及族群遺傳學的基礎上，科際整合生物其他相關學科的新成就而發展起來的，又稱整合性的演化理論。整合演化論的主要內容有下列兩個層面：

（1）第一，認為族群（Population）是生物演化的基本單位。在一個族群中能進行生殖的個體所含有的全部遺傳資訊的總和，稱為基因庫（Gene Pool）。生物類型改變的遺傳根據就在於族群基因頻率的定位改變，演化是族群基因庫變化的結果。此與以往以個體為演化單位的演化學說有所區別。

（2）第二，突變、選擇、隔離是物種形成和演化的機制（Mechanism）。突變包括染色體畸變和基因突變。突變是選擇的前提，突變為演化提供材料，透過天擇保留適應性變異，透過隔離、鞏固和擴大這些變異，從而形成新的物種。

從根本上而言，是環境造就的這一切，還是環境提供了這一切發生的可能條件？儘管達爾文以來的生物科學已經證實生命是有歷史的，即呈現出從簡單到複雜，從低組織化水準到高組織化水準的歷史演化（演化），而物理學界及化學學界直到 1969 年普里高津（I. Prigogine）（諾貝爾化學獎得主）提出耗散結構（Dissipative Structure）理論才真正接受了演化（演化）的概念。在很長的時間中，物理學家認為確定性（Determinism）和可逆性（Reversibility）是一切物質運動的基本屬性，是所有自然規律確立的先決條件。

整合演化論的兩個層面

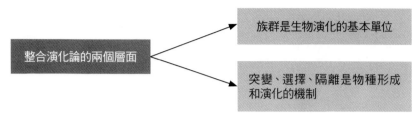

整合演化論的兩個層面 → 族群是生物演化的基本單位

突變、選擇、隔離是物種形成和演化的機制

達爾文的功績

達爾文的偉大功績在於他使用了科學的方法來解讀生物的創造與演化，最終得出了正確的結論。

爬行動物　　　　鳥類　　　　哺乳動物

生物演化是由簡單到複雜，由低級向高級演化而來的。
新時代的發展需求需要演化論

演化被用來證實自由競爭資本學說的優越性，並非我的本意

支配者是適者

適者

不適者

✚ 知識補充站

　　因此，就本質上來，物質的存在是沒有方向和歷史的。普里高津終於使物理科學徹底改變了傳統的觀念，承認自然界存在的最大量的流程是隨機的，不可逆的和有方向性的流程，承認非生命系統也有類似生物演化的從混沌（Chaos）到有秩序（Order）的演化流程。系統論（System Theory）的建立和發展，特別是動力學系統自我組識、超循環結構、碎形幾何理論的建立，以及混沌和混沌背後秩序性的發現是人類 20 世紀最偉大的成就之一。它最早由生命現象啟發而提出，也必將引導生命科學的發展走向明日星光燦爛。

生物的演化多彩多姿（授權自CAN STOCK PHOTO）

第7章
遺傳學導致演化論的發展

　　1860 年代，孟德爾發現了遺傳的規律，他的發現使得達爾文演化論陷入了窘境，但是同時也提出了新的疑問，進一步推動了演化論的發展。

7-1 雄貓為什麼生不出猩猩

（一）遺傳的基礎知識

所謂遺傳就是親代的各種性狀傳給其子代的現象，亦即親代與子代之間、子代個體之間相似的現象，一般是指親代的性狀又在下一代身上表現出來。雄貓生出來的是雄貓幼仔，黑猩猩生出來的是黑猩猩幼仔。雌性雄貓絕不會生出考拉幼仔，雌性黑猩猩也絕對不會生出雄貓幼仔，鯊魚也絕對不會生出大馬哈魚， 魚也絕對不會生出鯡魚。

在農業中，播種水稻與小麥的種子會產出稻米與麥子，人類還會對許多家畜與蔬菜進行大量的品種改良。

（二）遺傳學的應用

葡萄是一種溫帶水果，引進我國已有很多年了，葡萄原產於西亞，目前已培育了五百多種品種，此種對葡萄的培育即屬於對遺傳學的應用。

小博士解說

生物在世代繁衍中產生其同類的現象稱為遺傳（Heredity）。生物的遺傳呈現為親代與子代之間的相似性，也呈現為不同物種之間的生殖隔離，遺傳保持了生物的穩定性與連續性。生物的的形態結構與生理生化特性稱為性狀（Character），性狀由基因所控制。在遺傳學上，通常將生物體的性狀表現稱為表現型（Phenotype），而將生物體的基因架構稱為基因型（Genotype）。在個體的發育流程中，基因型與環境互動而產生表現型，即基因型+環境→表現型。

生物在遺傳的流程中也產生相當程度的變異，而呈現為親代與子代之間、子代個體之間的性狀差異。生物的可遺傳變異，透過天擇的運作，適應環境的有利變異得到更多的生存與繁殖的機會，不利於環境適應的變異則慘遭淘汰。在天擇的長期運作下，控制有利基因逐漸累積，促使生物更適應於其所生活的環境，並在形態結構與生理生化特性上與其祖先及其他群居呈現出顯著的差異，此即為生物的演化。

遺傳的概念與應用

什麼是遺傳

所謂遺傳,即為親代的各種性狀傳給其子代的現象。因為遺傳的原因,雌性雄貓絕對不會生出黑猩猩幼仔。

雄貓生出來的是雄貓幼仔　　　　黑猩猩生出來的是黑猩猩幼仔

遺傳學的應用

從古代開始,人們即利用遺傳原理來改良品種。例如野生葡萄相當酸澀而難以入口,但在經過人工改良之後就變成了美味又好吃的水果。

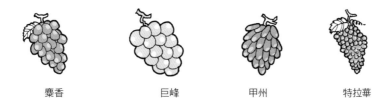

麝香　　　　巨峰　　　　甲州　　　　特拉華

人工培育的花卉

除了糧食與水果之外,人們還運用人工的方式來培育出供人觀賞的花卉。下圖中即為人工所培育的鳶尾花,適應北方較為寒冷的天氣,其花朵肥碩豔麗異常。

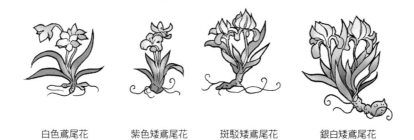

白色鳶尾花　　　紫色矮鳶尾花　　　斑駁矮鳶尾花　　　銀白矮鳶尾花

7-2 基因決定了遺傳

（一）遺傳是什麼

所謂遺傳，就是親代的各種性狀傳給其子代的現象。例如雄貓所生出來的必定是雄貓幼仔，此種現象稱為遺傳。所有的生物都攜帶著基因，在基因中含有表現各種生物性狀的資訊，例如，頭髮的顏色、血型等，生物的性狀即為由親代傳給子代的基因所決定的。

人類在新石器時代就已經會馴養動物與栽培植物，以後人們逐漸學會了改良動植物品種的妙方。

（二） 遺傳是由基因來完成

不同的生物具有不同的基因。雄貓具有雄貓的基因，鸚鵡具有鸚鵡的基因。生物所具有的基因含有生物「設計圖」。將生物「設計圖」準確無誤地傳給後代的現象即為遺傳。簡單地說，遺傳即為生物將各自獨特的遺傳資訊準確無誤地傳給後代的機制。

研究遺傳機制的科學稱為遺傳學，它專門研究生物的遺傳與變異。

小博士解說

所以，遺傳，就是親代的各種性狀傳給其子代的現象。在對生物的不斷觀察與研究之中，人們瞭解了遺傳的規律，學會了對動植物品種的改良。

生物的遺傳現象證實親代將某種遺傳物質傳遞給了後代。此種遺傳物質究竟是什麼呢？當初，孟德爾提出遺傳因子的抽象概念時，並未說明它們是否是某種物質實體。其後，摩根（Morgan）判斷基因很可能是染色體上的某種有機的化學物質實體。染色體主要由蛋白質和核酸所構成，那麼，到底哪種物質是遺傳物質呢？

蛋白質和核酸都是有機大分子。蛋白質由20種不同的氨基酸所組成，而 DNA 和 RNA 兩種核酸分別由四種核苷酸所組成。看來，能攜帶極其複雜的遺傳資訊的物質應該是蛋白質。但這個似乎合理的推斷，後來都被證實是錯誤的。

現在已經證實，DNA 是所有已知生物的遺傳物質。RNA 可能曾經在生命化學演化的早期，作為多分子系統的遺傳物質，現在仍是一些 RNA 病毒的遺傳物質，但病毒並不是完整的獨立生命形態。

生物的形態結構與生理生化特性稱為性狀（Character），性狀由基因所控制。在遺傳學上，通常將生物體的性狀表現稱為表現型（Phenotype），而將生物體的基因架構稱為基因型（Genotype）。在個體的發育流程中，基因型與環境互動而產生表現型，即基因型+環境→表現型。

遺傳傳遞性狀

所有的生物都具有基因

所有的生物都具有基因，基因之中含有表現各種生物性狀的資訊，生物「設計圖」。

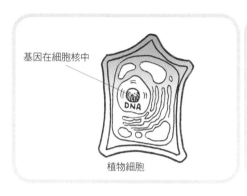

植物細胞

基因在細胞核中

動物細胞

「設計圖」會準確無誤地傳給後代

親代

| 子代 | ➡ | 生出一模一樣的小熊貓 |
| 子代 | ➡ | 不會生出其他模樣的小動物 |

熊貓會將一樣的斑紋遺傳給後代。

鸚鵡的遺傳模式

野生鸚鵡與天藍色鸚鵡交配時，所有的子代都是野生型。但是第一代子代自我交配時，第二代子代中有四分之一是天藍色。

野生鸚鵡（交配）　　　　　　天藍色鸚鵡

野生鸚鵡

3/4 野生鸚鵡　　　　　　　　1/4 天藍色鸚鵡

7-3 遺傳學的孟德爾定律

孟德爾從豌豆中的發現

孟德爾的研究是從播種各種不同性狀的豌豆種子，在開花之後進行人工交配來開始的，孟德爾定律的敲門磚即為豌豆，他運用了種子的形狀實驗來做解讀。

孟德爾播種了圓形種子與方形種子，然後等到各自的花開之後再進行交配。將圓形種子與方形種子作為第一代，則交配後所結出的第二代全部為圓形種子。接著，他將第二代種子播種，在花開之後進行人工交配。結果他發現在第三代所結出的種子中，圓形種子與方形種子的比例為三比一。

豌豆種子有決定種子形狀的因子，他假設豌豆種子之中有兩類因子，一種是使種子形狀為圓形的因子 A，另一種是使種子形狀為方形的因子 a，而且所有的豌豆種子都含有這兩種因子，子代繼承父本與母本的因子各有一個。

如此，第一代的圓形種子含有 AA 組合的因子，方形種子含有 aa 組合的因子。圓形種子的因子 AA 分為 A 與 A，方形種子的因子 aa 分為 a 與 a，而傳給後代。如此，子代即第二代的豌豆種子全部含有組合為 Aa 的因子。再將第二代交配，就像圖中那樣結出含有因子 AA 的種子與因子 aa 的種子各一顆，含有 Aa 的種子共兩顆。

小博士解說

奧地利神父孟德爾（Gregor Mondel，1822-1884）為「現代遺傳學之父」，他是遺傳學的創始人，也是以科學與系統的方法來研究遺傳模式的開山祖宗，孟德爾首先提出了遺傳因子的概念，並闡明了其遺傳規律，後人將孟德爾的遺傳因子學說稱為孟德爾定律，其中包括分離定律與獨立分配定律這兩條遺傳學的基本定律。

孟德爾發現豌豆中有某種「因子」可以決定遺傳性狀，而且每一種性狀似乎都受到一對「因子」的控制。此外，每一種性狀都有顯性及隱性之分。例如，當他說一株高莖豌豆與一株低莖豌豆交配，產生的子代大多為高莖豌豆;由此可知高莖是顯性，低莖是隱性。不過，隱性的低莖性狀並沒有從此消失，它仍會在較後來的子代中出現:兩株高莖豌豆雜交之後，也可能會生出低莖豌豆。

孟德爾定律

孟德爾的豌豆實驗

孟德爾做了豌豆雜交的實驗，他之所以選擇豌豆，是因為豌豆容易雜交，而且其變種相當多。

假設豌豆種子中有兩類因子，一種是使種子形狀為圓形的因子 A，另一種是使種子形狀為方形的因子 a，而且所有的豌豆種子都含有這兩種因子，子代繼承父本與母本的因子各有一個，其遺傳規律如下：

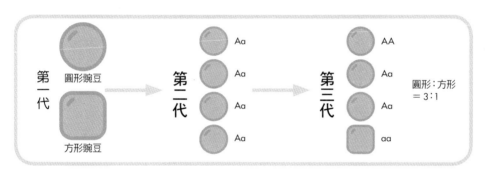

另一種雜交實驗

孟德爾還做過有關花色的雜交實驗，母代的紫色花與白色花在雜交之後，第二代都是紫色花，在第三代中有四分之三的紫色花與四分之一的白色花。

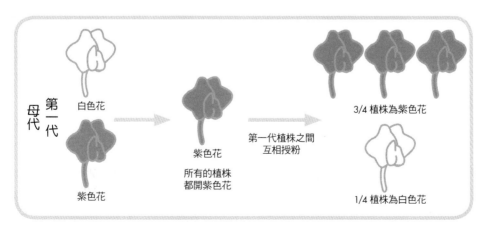

7-4 孟德爾三大遺傳定律

（一）顯性與隱性遺傳定律

我們已經知道第二代種子（因子全為 Aa）的形狀都為圓形，第三代種子（因子為一個 AA、一個 aa、兩個 Aa）之中圓形與方形的比例為三比一。孟德爾對此提出了一個絕佳的假設，即因子 A 抑制了因子 a。亦即，使種子成為圓形的因子 A 為顯性，使種子成為方形的因子 a 受到抑制。當組合為 Aa 時，種子全部為圓形。此種規律稱為顯性與隱性遺傳定律。

（二）分離定律

孟德爾首先從許多種子商店中，買到了 34 種品種的豌豆，他從其中挑選出 22 種品種來做實驗。它們都具有某種可以相互區分的穩定性狀，例如，高莖或矮莖、圓科或皺科、灰色種皮或白色種皮等。

豌豆的親代所含有的因子 AA、Aa、aa 在傳給子代時，AA 分為 A 與 A。Aa 會分為 A 與 a，aa 會分為 a 與 a，此稱為分離定律。因為親代的父本與母本所含有的因子會分離，所以親代會將各自的一個因子傳給子代，進而再以相同的方式再傳給下一代。因此，圓形與方形的雜交並不會出現中間形狀的種子。

（三）獨立遺傳定律

獨立遺傳定律即控制顏色與形狀的因子為不同的因子，其各自獨立地進行遺傳。

小博士 解說

孟德爾在研究中發現，基因如同不同色澤的大理石，無論如何混雜與暫時的遮掩都能保持其原來的本色，此即為孟德爾所發現的三大遺傳定律。

分離定律是孟德爾根據一對性狀差異的豌豆雜交實驗的結果歸納出來的。

孟德爾在豌豆雜交實驗中，在做一對性狀雜交的同時，還做了兩對相對性狀的豌豆雜交實驗。根據兩對相對性狀差異的親本雜交結果與遺傳分析，孟德爾提出了遺傳因子獨立分配的假說，被列為遺傳的第二大基本定律。

孟德爾三大遺傳定律

孟德爾從實驗結果中，發現了顯性與隱性遺傳定律、分離定律與獨立遺傳定律，並且將在上述定律中，由親代傳給子代的遺傳因子命名為基因緣（Gene）。

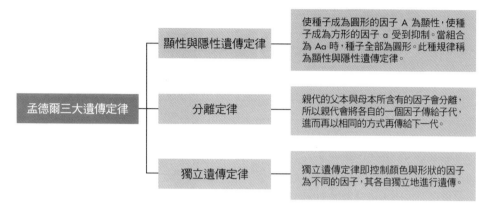

孟德爾三大遺傳定律	顯性與隱性遺傳定律	使種子成為圓形的因子 A 為顯性，使種子成為方形的因子 a 受到抑制。當組合為 Aa 時，種子全部為圓形。此種規律稱為顯性與隱性遺傳定律。
	分離定律	親代的父本與母本所含有的因子會分離，所以親代會將各自的一個因子傳給子代，進而再以相同的方式再傳給下一代。
	獨立遺傳定律	獨立遺傳定律即控制顏色與形狀的因子為不同的因子，其各自獨立地進行遺傳。

孟德爾所研究的七對豌豆形狀

在圖中每對性狀只有兩種不同的類型，左圖所表示的是顯性類型，右圖所表示的是隱性類型。

	顯性	隱性		顯性	隱性
花的顏色	紫色	白色	菜的形狀	平展	收縮
花的位置	腋生	頂生	菜的顏色	綠色	黃色
種子的顏色	黃色	綠色	菜的長度	高	低
種子的外形	圓形	方形	莖的長度	高	低

✛ 知識補充站

遺傳學之父：孟德爾（授權自 CAN STOCK PHOTO）

7-5 孟德爾定律對達爾文演化論的影響

（一） 達爾文的演化論

達爾文的演化論提倡「天擇」與「適者生存」。他認為，演化是由發生於生物體的極小變異被天擇所引起的。對於達爾文的演化論而言，其核心課題為生物變異是如何發生的。但是，孟德爾遺傳定律的重新發現否定了生物變異的想法，使達爾文的演化論陷入了困境。

為了解讀變異，達爾文認為，生物的細胞有一種粒子（即遺傳粒子），它攜帶著資訊，透過增殖轉移到其他細胞中。資訊就是依靠此種方式集中在生殖細胞中。如此，在親代身上所發生的變異傳給了子代，此即為達爾文的泛生論。

達爾文演化的核心觀念為他在大量觀察證據的基礎上，經過精心構思所形成的天擇說。他在 1859 年所發表的「物種起源論」一書中，運用令人信服的資料證實，物種是可變的。一個物種是由以前所存在的物種演化而來的。每一種族群乃至於整個生物界皆具有共同的祖先。

（二） 孟德爾定律

但是，孟德爾遺傳定律證實，生物的性狀毫無改變地由親代傳給了子代。亦即，達爾文的演化論說明導致演化的主要原因變異，是由親代傳給子代的因子發生變化而產生的。而孟德爾則證實了基因會毫無改變地由親代傳給了子代，所以變異是不可能發生的。

孟德爾首先提出了遺傳因子的概念，並闡明了其遺傳規律，後人將孟德爾的遺傳因子學說稱為孟德爾定律，其中包括分離定律與獨立分配定律這兩條遺傳學的基本定律。

小博士解說

達爾文的演化論認為演化是生物的變異所引起的，而孟德爾遺傳定律認為生物基因的遺傳是穩定的，科學家們對孟德爾遺傳定律的肯定，使達爾文的演化論陷入了困境。達爾文認為，物種形成的主要因素為可遺傳的變變、選擇（包括天擇與人為選擇）與隔離。而天擇為推進自然界演化的關鍵性決定力量。演化的首要因素為突變，基因突變為生物可變性的基礎，若沒有可變性就沒有演化可言。其次為遺傳，所發生的突變可以遺傳下來，不同的突變可以透過遺傳而逐步累積，如此才能形成新的物種。生物與環境共生，生物演化與其生活環境密不可分，演化的結果導致適應。因此，生物演化為生物與其生活環境的互動中，遺傳系統隨著時間的推移而發生的一系列不可逆轉的改變，並導致其表現型的相應變化。

生物演化的核心觀念為「萬物同源」與「分化發展」，即老子「道德經」中的「道生一，一生二，二生三，三生萬物」的簡樸哲理。

孟德爾定律的影響

達爾文的演化論

達爾文在他的演化論中,運用泛生論來解讀變異是如何發生的,他認為是體內器官的細胞中的遺傳粒子發生變化而引起變異。

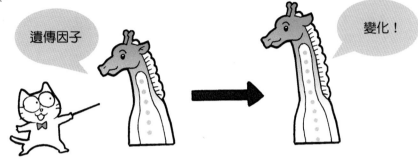

遺傳因子

變化!

孟德爾定律

與此相對的是,孟德爾所提出的遺傳理論,證實了基因並不會發生變化,生物的性狀具有穩定遺傳的特色。

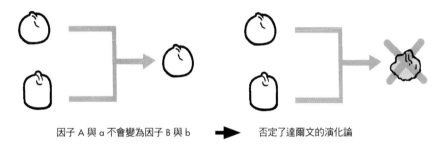

因子 A 與 a 不會變為因子 B 與 b ➡ 否定了達爾文的演化論

演化論的腳步

演化是一步一步地向前走,還是呈現跳躍式躍進的呢?

✚ 知識補充站

　　而達爾文演化論中關於可遺傳變異問題仍是一個懸而未決的問題。達爾文本人較為傾向於接受拉馬克所倡導的獲得性狀遺傳,認為環境所引起的變異可以遺傳。而生物學家魏斯曼則提出遺傳的種質與體質完全分離的觀點,他認為生活條件主管的是對體質發揮功能(獲得性),因而是不能遺傳的,只有種質發生了變化,才能遺傳給下一代。而孟德爾遺傳理論被認為是支持後一種觀點。被後來有關基因突變與遺傳重組的研究也有力地支持與發展了達爾文學說。

7-6 德佛雷斯所發現的突變

（一）德佛雷斯的發現

德佛雷斯是重新發現孟德爾定律的人，他有一個相當重要的發現，即為突變。他對達爾文的生物變異傳給下一代的想法很有興趣，所以他決定研究生物的變異是如何引起的。有一天，德佛雷斯在家附近的空地上發現了一大片夜來香。

（二）夜來香的啟示

德佛雷斯想當生物要適應環境時，達爾文所說的生物變異是不是會發生？德佛雷斯在現場實地觀察了一下，從公園蔓延過來的夜來香，在高度與葉子的形狀上，確實大不相同。

德佛雷斯發現了花瓣為橢圓形的新型夜來香，他取了種子，將其培養長大之後，發現這些夜來香的花瓣皆為橢圓形的新型夜來香花瓣，進而確認了此即為新的品種。德佛雷斯栽培了 53509 株的夜來香，並發現了許多新的品種，而將這些夜來香花瓣所發生的變異稱為突變。

雖然後來他的研究被證實是建立在不可靠的基礎之上，因為後來的科學家發現，他大部分的「夜來香」皆為已經存在的性狀所重組的結果，而不是形成全新的性狀，但是在當時，他的理論使達爾文的演化論擺脫了困境。

小 博 士 解 說

德佛雷斯在 1901 年出版了「突變論」一書，提出了演化是將一個物種改變為另一個物種的突然跳躍而驅動的理論，正是他所發現的突變理論，使達爾文的演化論擺脫了困境。

德佛雷斯的突變理論

1901 年,德佛雷斯提出了突變理論,此理論將達爾文的演化論解救了出來。

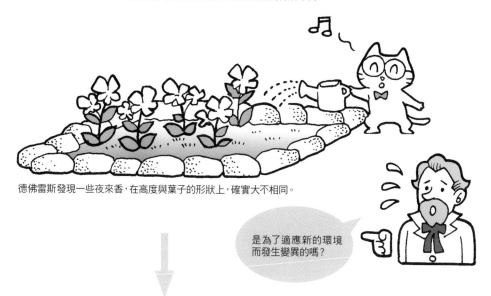

德佛雷斯發現一些夜來香,在高度與葉子的形狀上,確實大不相同。

是為了適應新的環境而發生變異的嗎?

第二年夏天　　　　　花瓣是橢圓形的

亦即,發生了變異,就稱為突變!

✚ 知識補充站

突變:在生物學上的含義是指細胞中的遺傳基因(一般是指 DNA 或者 RNA),對動物而言,其中包括細胞核與粒腺體中的 DNA 或者 RNA,植物則還包括葉綠體中(DNA 或者 RNA)發生永久的改變。

7-7 拯救達爾文的突變論被加以證實

（一）突變論幫助了演化論

在達爾文的演化論中宣稱，生物會常常發生微小的變異，而隨著這些變異被天擇，而逐漸演化。但是生物的變異是如何發生的呢？

達爾文在泛生論中作了下列的解讀：即親代所發生的性狀改變，透過遺傳粒子而傳給後代，亦即基因會發生變異，然後傳給子代。

但是，孟德爾遺傳定律將此想法完全否定，因為孟德爾證實，生物性狀會毫無改變地遺傳給後代。但是德佛雷斯所發現的突變，即隨著基因的變化，性狀也會發生變化（突變）。突變的發現證實了新的性狀是由突變所引起的，並且是由親代傳給子代的。

（二）新演化論的出現

在 1930 年代，人們開始認知到，基因遺傳理論不僅不排斥達爾文的變異與天擇說，反而更加證實其理論的正確性。

隨著可以使生物在短短的一代中所出現新性狀的突變機制被證實，達爾文的演化論又死中復活了。之後，德佛雷斯與英國的貝特森等人一起建構了新的演化論。

貝特森是一位生物學家，他是一位死忠的達爾文主義者。他在 1883 年畢業於劍橋大學。隨後到美國約翰霍普金斯大學從事兩年的胚胎學研究。他首先採用了「遺傳學」這一名詞，並確立了遺傳學的許多核心概念。

小博士 解說

德佛雷斯所發現的突變是隨著基因的變化，性狀也會發生變化，此理論使得突然變異獲得了足夠的證據，突然變異被完全證實了。

突變發現的影響

關於達爾文的演化論

生物會常常發生微小的變異,而隨著這些變異被天擇,而逐漸演化。

但是,被孟德爾規律所證實的生物性狀,會毫無改變地遺傳給子代所否定。

德佛雷斯的突變理論

德佛雷斯提出了突變理論,此理論將達爾文的演化論解救了出來。德佛雷斯認為基因的變化,能夠引起生物性狀的變化。

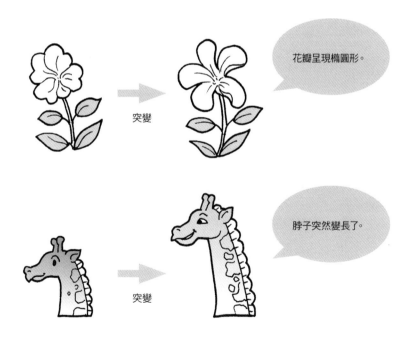

突變,使脖子變長→因為突變而脖子變長的長頸鹿
突變取得了足夠的證據,從而使達爾文的演化論被加以證實了。

7-8 新達爾文學說（一）

（一）什麼是綜合演化論

在進入 20 世紀之後，由於孟德爾的遺傳定律被重新認識而起步的遺傳學，之後因為突變的發現和族群遺傳學的誕生而急速發展，對演化論產生了重大的影響。

這些遺傳學的進步與天擇、雜交、隔離等理論綜合之後的結果，就是綜合演化論。

集合了多名研究者的研究成果的綜合演化論是由誰所提出的，雖然並不明確，但現在經過美國的辛普森改善之後便變得更有說服力了。

辛普森是一位美國動物學家，他把演化的研究分成兩大領域；研究種以下的演化改變的小演化和研究種以上層級演化的大演化，但是，他並不認為小演化與大演化是各自不同的或者彼此無關的演化方式。

（二）綜合演化論的三種演化

下面將簡單說明一下何謂綜合演化論，辛普森認為演化分為三種：產生物種和品種的物種分化；像從原始馬演化到現代馬那樣的系統演化，從爬蟲類演化到鳥類、哺乳類那樣的大型演化。

綜合演化論中提到的這三種演化都是由突變和天擇所引起的。某個生物族群中產生一些微小的變異，這些變異經過天擇之後就留在族群之中。

此種流程不斷地重覆，而新物種就產生了（物種分化）。新物種經年累月，就在物種的系統中不斷演化（系統演化）。最後，完全演化成了另一各種類的生物（大演化）。

小博士解說

新達爾文學說是由德國生物學家魏斯曼所建立，他認為生物的演化是由於兩性混合所產生的種質差異，經過天擇所造成的後果。此一學說特別強調變異與達爾文所提出的天擇在演化上的功能，故稱之為新達爾文學說。

近半個世紀以來，由於分子生物學、分子遺傳學與族群遺傳學等新興科際整合學科的興起，對生物的演化問題提出了嶄新的見解。現代綜合演化論（Modern Synthetic Theory of Evolution）又稱為現代達爾文學說。它是將達爾文的天擇說與現代遺傳學、古生物學以及其他相關學科整合起來，用以闡明生物演化與發展的理論。

現代整合演化論的基本觀點為：

（1）基因突變、染色體畸變與透過有性雜交的基因重組為生物演化的材料。

（2）演化的基本單位為族群而非個體，演化起因於族群中基因頻率發生了重大的變化。

（3）天擇決定了演化的方向，生物對環境的適應力為長期天擇的結果。

（4）隔離導致了新物種的形成，長期的地理隔離常使得一個物種分成許多子物種，子物種在各自不同的環境下，進一步發生變異，就可能出現生殖隔離，從而形成新的物種。

綜合演化論

綜合演化論的發展歷程

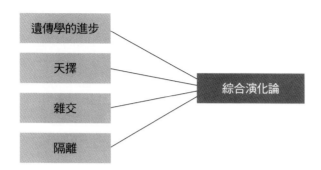

辛普森所倡導的綜合演化論

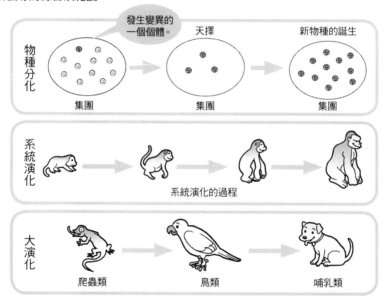

辛普森（1902-1984）為美國古生物學家、演化學家，其運用脊椎動物化石的調查，從事演化流程與演化速度的研究。

✚ 知識補充站

　　邁爾在歸納現代整合演化論的特色中指出，它徹底否定了獲得性的遺傳，強調演化的漸進性，認為演化現象為族群現象，並且重新肯定了天擇的重要性。現代整合演化論繼承與發展了達爾文演化論，所以半個世紀以來皆居於主流地位。

　　現代整合演化學說認為生物演化的基本單位為族群而非個體，新物種的形成有三個階段：突變→選擇→隔離，由於長期的地理隔離，在天擇的運作下，形態、習性與結構進一步地分化，就可能出現生殖隔離，從而形成新的物種。物種的形成除了有漸進式的物種形成之外，還有爆發式物種形成，而後者往往是由染色體畸變而產生的。

查爾斯・達爾文（合法授權至CAN STOCK PHOTO）

第8章
後達爾文演化論的發展

在 19 世紀後期，對演化論的研究更加深入，科學家提出了關於演化論的新論點，而使演化論進一步地進展。

8-1 適者生存的實例:「工業暗化」

(一)「工業暗化」

達爾文的演化論認為,適者生存和變異遺傳為演化的兩大原因。而生物是否真的是由於此兩種原因而產生演化的呢?

自然淘汰的一個經典例子就是工業暗化。在 19 世紀末,英國工業區的樺尺蛾(Amphidasys Betularia,現名為 Biston Betularia)身體急劇變黑。

其原因在於,當時由於工廠排放出各種廢氣,街道變得一片烏黑,樺尺蛾變黑之後,在黑暗的街道中,被其他動物捕食的可能性比較小。

這確實是適者生存的實例,但並不是說黑色蛾的數量增加,白色蛾向黑色蛾演化就會源源不斷產生各種新的物種。

在思考生物是否因為自然淘汰而演化時,必須要考量一個問題,那就是演化是不可逆轉的,絕對不可能出現時光逆轉的現象。

如此一來我們可以得出結論,雖然工業黑化為適者生存的現象,但它與演化並沒有任何關係。

(二)抗菌藥的出現

另一個例子是抗藥性細菌的出現。抗藥性細菌是指使抗生素失效的病菌。當人們開出一種抗生素,並把它運用到治療層面之後,各種抗藥性細菌也隨之出現並急遽增加。

而「突變選擇學說」的任務則是,運用實驗來驗證對某種抗生物質的抗藥性細菌是如何增加的。而病原菌要變為抗藥性細菌時,需要病原菌的基因發生突變,並改變自身結構,從而抵抗抗生素。經過相關研究證實,在試管中加入抗生物質來做病原菌的培養,在經過突變之後,可以產生抗藥性細菌。

小博士 解說

適者生存是所有生物生存的法則,工業區所出現的黑色樺尺蛾與抗藥性細菌都是適者生存的結果,但並不是所有的適者生存都會產生演化。

適者生存與演化

「工業暗化」並不是演化

 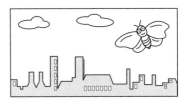

由於工廠所排放的廢氣使街道變得漆黑，使蛾的身體也會變黑

但是在街道變白之後，蛾的身體也會變白

此種現象稱為工業暗化。演化是不可逆轉的，絕對不可能出現時光逆轉的現象，因此工業暗化現象與演化並沒有任何關係。

細菌的抗藥性

什麼是抗藥性細菌？即為一些抗生物質可以有效抑制病原菌的繁殖，但是由於使用抗生物質，使得細菌具有抵抗力，於是就形成了抗藥性細菌。

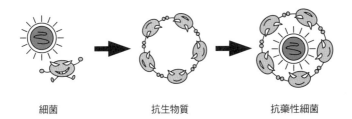

細菌　　　　　　抗生物質　　　　　抗藥性細菌

＋ 知識補充站

適者生存是所有生物生存的法則，工業區所出現的黑色樺尺蛾與抗藥性細菌都是適者生存的結果，但並不是所有的適者生存都會產生演化。

8-2 突變選擇說的實證

（一）抗藥性細菌對演化論的證實

進一步的研究發現，在接觸抗藥性物質之前，病原菌中已經有了抗藥性細菌。也就是說，針對各種抗生素的抗藥性細菌，往往透過變異而產生，當添加抗生物質時，只有抗藥性細菌能夠存活。透過此實驗，突變選擇學說得到了證實，達爾文所提倡的變異和適者生存而產生演化的演化理論也得到了證實。

（二） 抗藥性細菌的繁殖

然而，此種試管實驗永遠都只能是紙上談兵。其原因之一在於，在醫院中所發現的抗藥性細菌和實驗室裏人工使之發生變異所培養的抗藥性細菌，對於抗生物質的抵抗方式完全不同。而且抗藥性細菌的繁殖機制也完全不同。發生突變之後形成抗藥性細菌的病原菌可以自行分裂和繁殖。但醫院中所發現的抗藥性細菌，是透過一種叫做「腺毛」的蛋白質管道，向其他細菌傳遞控制抗樂性的基因而進行繁殖的。從這些現象可以看出，它們二者具有很大的不同，醫院中所發現的抗藥性細菌無法使用突變選擇學說來加以解讀。

另外，醫院中所發現的抗藥性細菌中控制抗藥性的基因被稱為「質體（胞質遺傳體）」，當此基因被傳送到其他細菌之後，這些細菌就產生抗藥性，成為抗藥性細菌。與單純的基因突變相比，也許「質體（胞質遺傳體）」是改變基因，使生物演化的更重要原因。但是突變和變異是有所區別的，此實驗還不足以完全解讀到底是變異和適者生存帶來了演化。

小博士 解說

對抗藥性細菌所做的實驗，證實了生物學上的突變選擇學說，但是此種實驗是在人工干擾的情況下所進行的，其與自然界的演化有所不同。

並非適者生存的因素

抵抗的方式

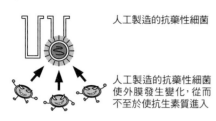

人工製造的抗藥性細菌

人工製造的抗藥性細菌
使外膜發生變化，從而
不至於使抗生素質進入

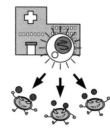

醫院中所發現的抗
藥性細菌

醫院中的抗藥性細
菌產生酶後破壞抗
生物質

繁殖機制

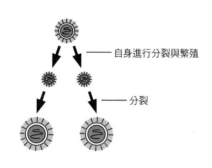

—— 自身進行分裂與繁殖

—— 分裂

人工製造的抗藥性細菌

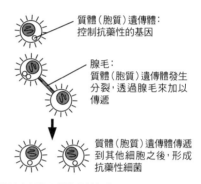

質體（胞質）遺傳體：
控制抗藥性的基因

腺毛：
質體（胞質）遺傳體發生
分裂，透過腺毛來加以
傳遞

質體（胞質）遺傳體傳遞
到其他細胞之後，形成
抗藥性細菌

醫院中所發現的抗藥性細菌

噬菌體增殖的兩種方式

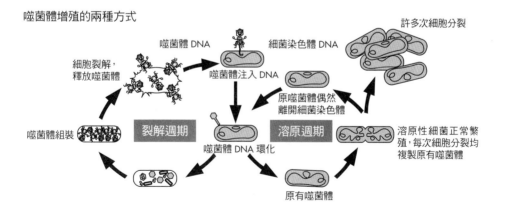

許多次細胞分裂

噬菌體 DNA

細菌染色體 DNA

細胞裂解，
釋放噬菌體

噬菌體注入 DNA

原噬菌體偶然
離開細菌染色體

噬菌體組裝

裂解週期

溶原週期

溶原性細菌正常繁
殖，每次細胞分裂均
複製原有噬菌體

噬菌體 DNA 環化

原有噬菌體

✚ 知識補充站

對抗藥性細菌所做的實驗，證實了生物學上的突變選擇學說，但是此種實驗是在人工干擾的情況下進行的，其與自然界的演化有所不同。

8-3 物種演化缺失之謎（一）

達爾文演化論認為，某一個體發生變異，然後發生自然淘汰，適應環境的生存下來，隨著被自然淘汰的個體數量的增加，該物種逐漸發生演化。但是，前面我們也列舉了一些實例來反證這個看似很合乎邏輯的理論，從中可以看出，此理論有很多地方都不符合邏輯。以下列舉達爾文演化論的一些矛盾之處。

（一）疑點 1：突變是否有利於生存

首先是關於在完全由於偶然因素而產生的突變中，是否會出現有利於生存的個體這一問題。突變是指基因從母體複製到子體的流程中所發生的錯誤。因此，我們很難想像由於此種錯誤而產生適於生存的新個體。在給果蠅照射 X 射線所進行的突變實驗中發現，幾乎所有的果蠅所發生的變異都不利於生存。這就如同貝多芬的音樂一樣，只要隨便更改一個音符，就不可能成為力如此著名的曲子。

（二）疑點 2：適者生存還是幸運者生存

第二個疑問是，利於生存的個體是否真的會在自然淘汰中生存下來，並成為達爾文所主張的適者。達爾文演化論認為，魚可以產生大量的魚卵，在這些魚卵所生出的小魚中，可以生存下來並可以繁殖後代的個體即為適者，而被天敵所捕食的個體則非適者。但是，與其認為所捕食的個體不是適者，還不如認為它們的命不好。因此，比起達爾文的「適者生存」，「幸運者生存」更能解讀此一狀況。

小博士 解說

達爾文的演化論並非十全十美，其偶然因素的觀點尚有爭議。

演化論的缺點
疑問 1：只發生有利的變異
果蠅照射 X 射線實驗

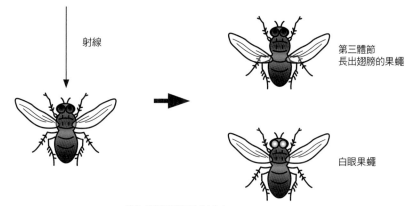

射線

第三體節
長出翅膀的果蠅

白眼果蠅

發生的變異都不利於生存

疑問 2：只有適者才能生存

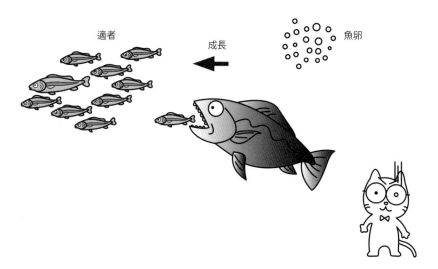

適者

成長

魚卵

達爾文觀點：被捕食的小魚，由於先天體弱或是遭遇強大的天敵，無法生存下去，就不能被稱為適者。
疑點：被捕食的小魚，與其他存活的魚並沒有基因的優劣之處，只是生存機率的問題，與是否為適者毫無關係，
　　　幸運與否才是問題的關鍵。
　　　被淘汰者只是運氣較為不好而已？

8-4 物種演化缺失之謎（二）

（三）疑點 3：微小的突變可以形成新的物種嗎？

第三個疑問是，是否僅僅由於某一個體的微小突變，就可以形成新的物種嗎？

棲息於陸地和水中的爬蟲類演化為鳥類，這已經得到了科學家的證實。但我們很難想像僅僅由於爬蟲類的微小的變異就出現了飛翔於空中的鳥類。

為了能在空中飛行，爬蟲類需要發生很多必要的變化：爬蟲類前肢要演變為用來飛翔的翅膀，大腦要發生演化以便於控制翅膀，骨骼內部中空，以便於減輕體重；為了減少空氣阻力，身體的其他部分也要發生變異以適應在空中飛行。就像一輛汽車，如果想要變成飛機，從外形到內部的發動機都要進行大幅度的改變。我們很難想像上述此一情況，僅僅由於逐漸變異就能夠完成。

（四） 演化論的缺點

達爾文演化論的最後一個缺點在於，迄今為止所發掘的化石與形成結論的動物考證之間的矛盾。在迄今為止的化石研究中，都沒有發現任何演化流程的中間化石，也就是說存在很多未知之謎。

關於未知之謎，可以用長頸鹿來舉例，長頸鹿脖子的演化流程就很通俗易懂。為了吃到更高樹上的葉子，能夠適應環境而生存下去，長頸鹿的脖子會發生變異，脖子較短的長頸鹿演化成了脖子較長的長頸鹿，此事實已經得到了廣泛的認同，有關脖子很短的長頸鹿，化石已經發現了很多，但是迄今為止人們都沒有發現一個脖子為中等長度的長頸鹿化石。

只要找不到演化流程中間的物證，此謎團就無法完全解開，達爾文演化論就是不完整的，一定還會存在著相當程度的異議和爭論。

小博士解說

達爾文演化論的最後一個缺點在於，迄今為止所發掘的化石與形成結論的動物考證之間的矛盾。

在迄今為止的化石研究中，都沒有發現任何演化流程的中間化石，也就是說存在很多未知之謎。

微小變異的累積會形成新的物種

實在無法想像僅僅由於突變的累積會出現新的物種

為了能在空中飛行，爬蟲類需要發生很多必要的變化；爬蟲類前肢要演變為用來飛翔的翅膀，大腦要發生演化以便於控制翅膀，骨骼內部中空，以便於減輕體重；為了減少空氣阻力，身體的其他部分也要發生變異以適應在空中飛行。

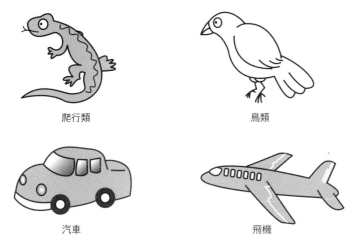

爬行類　　　　　　　　　　　　　鳥類

汽車　　　　　　　　　　　　　飛機

從爬蟲類變成鳥類，就像就像一輛汽車，變成飛機那樣不可思議。

尚未發現任何演化流程的中間化石

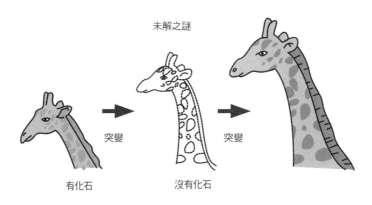

未解之謎

突變　　　　　　　突變

有化石　　　　　沒有化石

只要此謎無法完全解開，達爾文演化論就是不完整的。

＋ 知識補充站

　　只要找不到演化流程中間的物證，此謎就無法完全解開，達爾文演化論就是不完整的，一定還會存在著異議和爭論。

8-5 演化是間斷發生的

　　美國古生物學家萊奇和古爾德於 1980 年代初期聯合提出了「間斷平衡學說」，此一新提出來的演化理論也受到了全世界的矚目。

　　「間斷平衡學說」是根據古生物學與化石學領域的各種發現所提出來的，該理論認為演化並不是達爾文所主張的那樣，以一定的速度在進行。他們主張，演化在短時間內會發生急劇變化，在此後很漫長的一段時間內，並不會發生任何變化。簡單而言，演化包括了靜止狀態和急劇變化狀態。

　　在此用一個例子來說明此種情況，生存時間超過了 3 億年的空棘魚被稱「活化石」。有趣的是，在 3 億年前的地質中發掘出來的化石中空棘魚的形態，與現在美東部海岸的空棘魚的形態幾乎相同。

　　經過相關研究發現，化石中的空棘魚與現在的空棘魚，只是在解剖學上有稍微差異，因此可以說，在這 3 億年之間，空棘魚幾乎沒有發生什麼變化。

　　也就是說，在這漫長的億年之間，空棘魚並沒有演化。

　　不僅僅是空棘魚，劍尾魚和嘴頭目等幾億年來都沒有發生什麼變化，現在仍保留了太古時代的樣子，然而，在距今 5.75 億年前的前寒武紀，無脊椎動物大量出現。

　　由於在此之前的地質層中並沒有發現多細胞生物的化石，因此，可以認為在此一時期生物界發生了巨大的變化，生物突變發生了很大的改變。

小博士解說

　　十九世紀美國的古生物學家們提出了新的演化理論，他們認為演化是間斷發生的，演化包括靜止狀態與急劇變化兩種不同的狀態。

　　古生物學深入的研究，也導致了新的演化學說的出現。由化石的觀察發現，有些古生物種常常在幾百萬年沒有大的變化，其後又在相對短的地質時期突然出現在形態結構上不大相同的生物種。這與傳統的種系漸變論（Phyletic Gradualism）期望的大致均勻速度的演化方式相矛盾。

　　1972 年，古生物學艾爾德里奇（N.Eldredge）和古爾德（S.Gould）提出了中斷平衡（Punctuated Equilibrium）學說，其主要論點為：

　　（1）生物形態變化往往是快速出現的。

　　（2）新物種通常是由小族群的大變化而產生的，因此新物種往往與原始物種有很大的不同。

　　（3）經過爆發式變化形成新物種之後，物種可能在長達數百萬年的時間裏保持原樣大體不變，直至最終滅絕（Extinction）。

間斷平衡學說

生物演化的靜止狀態

演化可能在短時間內會發生急劇變化，在此後很漫長的一段時間內，並不會發生任何變化，即處於相對的靜止狀態。

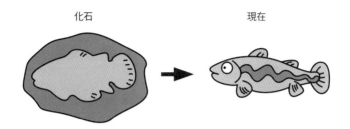

化石	現在

在這 3 億年之間，空棘魚幾乎沒有發生什麼變化　空棘魚現在仍保留了太古時代的樣子

現代的「活化石」

第四紀冰川使恐龍滅絕，而銀杏樹卻保　　雄貓在千百年來都沒有變化，也可以稱
留下來，並被稱為植物界的「活化石」　　為現代的「活化石」

演化並非達爾文所主張的那樣，以一定的速度在進行，有時會相對穩定，有時會突然發生急遽變化。

✚ 知識補充站

　　生物演化通常不像過去某些專家所想像的那樣，以一種大致上均勻的速率發生，而是常常顯示出「中斷平衡」（Punctuated Equilibrium）現象，在很長一段時間內，物種（和更高級的種類或族群，例如，科、屬、種等等）至少在表型層面相對來說維持不變，但在某段短時間內發生比較急劇的變化。斯蒂芬·傑·古爾德（Stephen Jay Gould）在與同事尼爾斯·艾爾德里奇（Niles Eldredge）一起發表的專題文章中提出了這一觀點，他後來還在一些很受人歡迎的文章與書中，花了大量的筆墨來描述此種中斷平衡。

8-6 物種的穩定性與突變性

生物穩定性和變異

間斷平衡學說所主張的觀點是，演化是間斷發生的，演化包括靜止狀態和急劇變化兩個不同的狀態，此與達爾文演化論的觀點：細微變化的累積導致生物演化，是大異其趣的。

間斷平衡學說的例子，達爾文演化論簡單地將之解讀為，不同物種的演化速度有很大的不同。然而，在最近的化石研究中發現，當在某地質層中發現新的物種之後，在很長時間內的各個地質層中，該物種幾乎不再發生變化。針對化石的長期穩定性和突變性，間斷平衡學說認為，只有在新物種形成時，才會發生急劇的變化，而一旦在該變化完成之後，就會進入穩定狀態。

該理論倡導者之一的古爾德以「繼達爾文之後」為主要的作品，出版了很多與演化論相關的暢銷書。另外，1974 年在「自然」雜誌上刊登了他的演化理論，獲得了很多讀者的喜愛。在古爾德作品的帶動下，間斷平衡學說在短時間內被人們所熟知。另外，該學說並不是以最近的主流學說：分子生物學和族群遺傳學為基礎，而是運用古典的古生物學和化石學來加以分析，正是因為此點才受到了人們的注意。

各種生物正是因為經過各種變化，才演化而形成今天的樣子。相對而言，達爾文演化論過於聚焦生物的變異，忽視了生物具有一種在適宜生存的環境中長期不變的穩定性。

小博士解說

生物在外部環境改變的情況下，為了適應環境而產生變異，能夠適應環境的物種生存下來。一旦生存環境變得相對穩定，則生物的演化也會相對停滯，從而出現了演化期與停滯期。

各種生物正是因為經過各種變化，才演化而形成今天的樣子。相對而言，達爾文演化論過於聚焦生物的變異，忽視了生物具有一種在適宜生存的環境中長期不變的穩定性。

是什麼導致了那些平衡中斷時比較急劇的變化呢？一般認為與有關的機制（Mechanism）可分為各種不同的類型。其中一種包括物理化學環境的改變，有時這是一種普遍流傳的變化。在大約 6500 萬年以前的白堊紀末期，至少有一個非常重大的物體同地球發生過碰撞，那次碰撞導致了尤卡坦（Yucatan）半島邊緣巨大的契克休魯布（Chicxulub）坑洞。由碰撞引起的大氣成分變化促使白堊紀毀滅，在那次毀滅中，大型恐龍與其他許多生命型式一起滅絕了。早在幾億年以前的寒武紀時期，產生了大量小型而適合生存的生態環境，並被填充了新的生命型式（就像一項新的流行技術導致無數個就業機會一樣。），新的生命形代創造了更多新的小生態環境，如此反覆下去。一些演化理論家，試圖將那種多樣性的急劇擴張，與大氣中氧氣的增加關係起來，但這一假說如今並沒有被廣泛地接受。

演化的速度

活化石

從現在所發現的化石證據來看，突然出現在某個地質層中的動物，具有長期不變的穩定性。有一些生物從出現到現在並沒有發生任何變化，這些生物就被稱為活化石。

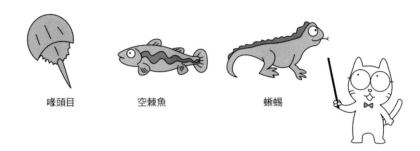

喙頭目　　　　　　空棘魚　　　　　　蜥蜴

間斷平衡學說的觀點

運用古典的古生物學和化石學來解讀演化論。

生物具有一種超乎尋常的穩定性，新物種是由於突然之間的迅速演化而出現的，而在演化完成之後，進入穩定狀態。

✛ 知識補充站

可能打斷表現觀演化平衡的另一種劇變，主要是在生物學層面。這時自然環境不必發生戲劇性的突然變化，而是基因組隨著時間逐漸地發生變化，但此種變化對表型的生存能力並沒有很大的影響。此種「漂變」（Drift）流程的結果，一個物種的基因群可能向著一個不穩定情形發展，在這種不穩定的情形下，相當細微的基因變化可能使表現型發生根本性改變。也許在某個特定時期，生態群聚中一定數量的物種都在趨近於那種不穩定狀態，從而為那些最終導致一個或更多生物的重大表現型發生所需突變，創造了成熟的時機。那些變化可能引發一系列連鎖變遷，在這些變遷中，一些生物變得更加成功，而另一些生物則滅絕了。整個生態群聚發生了變化，出現了新的小生態環境。進而，此種邊變（Catastrophe）使得鄰近群聚也發生變化，例如，新的動物遷徙到那兒，並與已有的物種做成功的競爭。一個暫時的表現平衡被打斷了。

8-7 什麼是細胞內共生

（一）居於關鍵性地位的細胞內共生

細菌為什麼會演化到擁有各種複雜細胞結構的真核細胞呢？針對此一疑問，最初有一種「內生說」認為是原核細胞的膜等演化為細胞內構造之後所形成的。但到 1962 年，人們發現，在葉綠體中存在一種基因，它與細胞基因並不相同，而此種基因與藍綠藻的基因非常相似，於是出現了一種新的學說，認為真核細胞中的葉綠體來自細胞共生時的藍綠藻。在同一時期，人們還在粒線體中發現了一種獨立的基因，並認為這些細胞內結構來自於共生，因此出現了「共生學說」。

總而言之，細胞內部有細胞呼吸所必需的各種細胞結構。這些器官大多都是細菌進入細胞之後所逐漸形成的。正是透垃細胞內的共生，原核細胞才逐漸演化為真核細胞。這就是「連續共生學說」，它是由美國波士頓大學的女科學家馬古利斯（Lynn Margulis）所提出的。

（二）「共生學說」為第二個奇跡

「生命潮流」的作者華森（Lyall Watson）評價說：「如果說地球上所出現的生命是第一奇跡的話，則馬古利斯的學說就是第二奇跡。在一種細胞與其他細胞節結合之後形成了全新的細胞，這是多麼神奇啊！」，如果沒有生物細胞合體的現象，也許這個世界上就不會有人類了。

承認共生導致演化，就等於承認基因可以跨種族來傳遞資訊，兩種不同生物可以透過共生來獲得以往所沒有的能力，從而形成新的物種。

小博士 解說

細胞內共生在演化理論中處於關鍵性的地位，它是生物學上的奇跡。若沒有細胞內共生，即無細胞合體的現象。

承認共生導致演化，就等於承認基因可以跨種族來傳遞資訊，兩種不同生物可以透過共生來獲得以往所沒有的能力，從而形成新的物種。

共生現象
什麼是共生

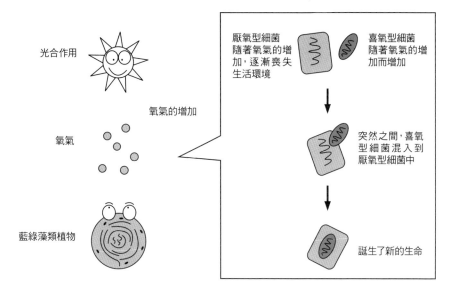

光合作用

氧氣的增加

氧氣

藍綠藻類植物

厭氧型細菌隨著氧氣的增加，逐漸喪失生活環境

喜氧型細菌隨著氧氣的增加而增加

突然之間，喜氧型細菌混入到厭氧型細菌中

誕生了新的生命

共生又稱為互利共生，是兩種生物彼此互利地生活在一起，缺此失彼都不能生存的一類種間關係，它是生物之間相互關係的極度發展。

原核細胞如何邁向真核細胞演化

鞭毛

核糖體

DNA

演化

細胞膜

原核細胞

葉綠體

粒線體

高爾基體

核模

核糖體

細胞膜

中心體

真核細胞

溶酶體

小胞體

細胞壁

＋ 知識補充站

細胞內部有細胞呼吸所必需的各種細胞結構。這些器官大多都是細菌進入細胞之後所逐漸形成的。正是透過細胞內的共生，原核細胞才逐漸演化為真核細胞。這就是「連續共生學說」，它是由美國波士頓大學的女科學家馬古利斯（Lynn Margulis）所提出的。

8-8 起源於共生現象的連續共生學說

與共生現象合而為一而誕生新物種

在遠古時期，地球上缺乏氧氣，因此當時的地球上生活著許多厭氧型的細菌。此後，開始出現一些藻類植物，由於它們的光合作用，空氣中的氧氣逐漸增加，厭氧型細菌喪失了生活環境，喜氧型細菌逐漸增加。在此流程中，部分喜氧型細菌混入到厭氧型細菌中，二者結合在一起之後，形成了新的物種。

新物種整合了二者的優點，從而可以更好地適應環境，既可以在有氧氣的環境中生活，也可以在沒有氧氣的環境中生活，而且物種更加穩定，像這樣，與共生對象結合之後，形成新的物種，這就是連續共生學說。

共生又稱為互利共生，它是兩種生物彼此互利地生存在一起，缺此失彼都不能生存的一類種間關係，它是生物之間相互關係的高度發展。

許多生物都有「共生現象」，這已經為大多數人所熟知。其中有一種共生現象叫做「細胞內共生」。所謂細胞內共生，是指細菌寄居於動物或植物細胞中，雙方相互受益的現象。此種細胞內共生現象為連續共生學說的關鍵。

下列透過一些細胞內共生的實例，來介紹連續共生學說的產生流程。

所有的生物都是由細胞所構成的，細胞又分為構成細菌的原核細胞和構成動植物等多細胞動物的真核細胞。真核細胞具有細胞核，還具有葉綠體、粒線體、鞭毛、纖毛等細胞結構，而原核細胞的構造非常簡單。在生命誕生之後漫長的 20 億年之間，地球上只有原核細胞類的細菌。

小博士解說

生物的細胞內共生會產生新的物種，在對此種共生現象的研究基礎上誕生了連續共生學說，此為演化論的研究提供了新的論據。

連續共生學說

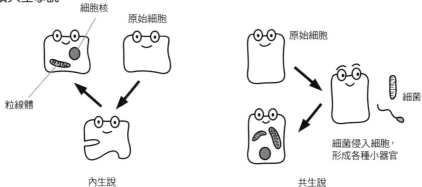

細胞核　原始細胞

粒線體

內生說

原始細胞

細菌

細菌侵入細胞，
形成各種小器官

共生說

連續共生學說的誕生

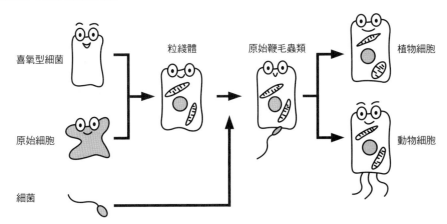

喜氧型細菌　　粒綫體　　原始鞭毛蟲類　　植物細胞

原始細胞　　　　　　　　　　　　　動物細胞

細菌

馬古利斯（1938—？），
美國女科學家

在 1967 年馬古利斯發表了連續共生學說，
該學說準確地闡述了真核生物的起源。

✛ 知識補充站

共生又稱為互利共生，它是兩種生物彼此互利地生存在一起，缺此失彼都不能生存的一類種間關係，它是生物之同相互關係的高度發展。許多生物都有「共生現象」，這已經為大多數人所熟知。其中有一種共生現象叫做「細胞內共生」。所謂細胞內共生，是指細菌寄居於動物或植物細胞中，雙方相互受益的現象。此種細胞內共生現象為連續共生學說的關鍵。

8-9 雙股螺旋 DNA

（一）雙股螺旋的 DNA

　　DNA 又稱為去氧核糖核酸，是染色體的主要化學成分，同時也是組成基因的材料。有時被稱為「遺傳微粒」，因為在繁殖流程中，父代把它們自己 DNA 的一部分複製傳遞到子代中，從而完成性狀的傳播。

　　1953 年，華森（James D. Watson）和克里克（Francis Crick）兩位科學家發現，遺傳因子 DNA 是一種雙螺旋狀的化學物質。此發現對於演化論產生了重大的影響。在此之前先介紹一下 DNA。

（二）DNA 的結構

　　從化學上來看，DNA 是由核苷酸所構成的，核苷酸又由糖分、磷酸和鹼基所組成。而核苷酸組成兩條長鏈，此兩條長鏈呈現雙螺旋狀。

　　如果是簡單的單一螺旋的話，有可能很容易就會散開，因此，這兩條長鏈密切地連接在一起。而連接這兩條長鏈的是腺嘌呤、胸腺嘧啶、鳥嘌呤和胞嘧啶這 4 種鹼基。A 表示腺嘌呤，T 表示胸腺嘧啶，G 表示鳥嘌呤，C 表示胞嘧啶。腺嘌呤、胸腺嘧啶、鳥嘌呤和胞嘧啶這 4 種鹼基，不論是細菌還是人類都是相同的。而這 4 種鹼基也代表了遺傳資訊。

　　通俗地說，A、T、G、C 這 4 個字母的不同排列方式代表了不同的遺傳資訊。

　　此一遺傳資訊可以控制蛋白質的產生，而蛋白質對於生物生存是不可或缺的，它是由氨基所組成的。氨基有 20 種，每三個鹼基的排列方式決定一種氨基，多種氨基結合在一起成為一個蛋白。

小博士 解說

　　20世紀的生物學研究發現：細胞由細胞膜、細胞質與細胞核等所組成。在細胞核中有一種物質稱為染色體，它主要是由一些稱為去氧核醣核酸（DNA）的物質所組成。

　　在 1953 年，華生（Watson）與克里克（Crick）提出了 DNA 雙股螺旋結構模型（如右圖）。

　　DNA 的化學成分並不複雜。它的單體是核苷酸（Nucleotide），由一個磷酸分子，一個去氧核糖分子和第一個鹼基所構成。鹼基有腺嘌呤（Adenine, A）、鳥嘌呤（Guanine, G）、胞嘧啶（Cytosine, C）和胸腺嘧啶（Thymine, T）四種。

　　因此共有 4 種核苷酸，簡稱為 A、G、C、T。

DNA 的結構

雙股螺旋的 DNA

DNA 又稱為去氧核糖核酸,是染色體的主要化學成分,同時也是組成基因的材料,由核苷酸所構成,呈現雙股螺旋狀。

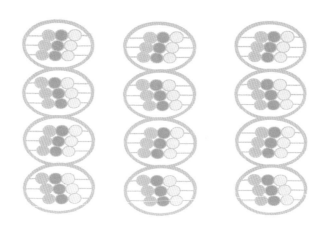

DNA 的結構

核糖與磷酸位於雙螺旋的外側,鹼基位於內側,兩條長鏈由鹼基連接在一起。

A:腺嘌呤
T:胸腺嘧啶
G:鳥嘌呤
C:胞嘧啶

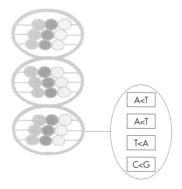

S:糖
P:磷
T<A:鹼基

四種鹼基之四個文字的排列順序代表了遺傳資訊。

8-10 DNA 所證實的遺傳理論

DNA 的雙股螺旋結構

為了闡述 DNA 與遺傳機制的關係，需要探討 DNA 為什麼是雙螺旋結構。遺傳機制中最重要的是母體資訊能否正確地傳遞到子體。因此，正確複製帶有遺傳資訊的 DNA 就顯得尤其重要。

DNA 的雙股螺旋結構，在複製時也非常方便。DNA 在複製時，鹼基發生分離。並在 A 上結合一個 T，T 上結合一個 A，G 上結合一個 C，C 上結合一個 G，從而形成一個新的鎖，這時，一個一模一樣的雙股螺旋 DNA 就複製完成了。

也就是說，一個雙股螺旋解體之後，與對應的鹼基結合，形成新的雙股螺旋 DNA，於是一個 DNA 就變成了兩個 DNA。

雙股螺旋結構還有一個特色。即使 DNA 兩個鏈條中的一個被破壞，剩下的另一個鏈條也可以重新結合破損的鏈條，從而修復 DNA。這對於生物來說，是非常重要的。

DNA 決定了各種生命活動，如果很容易就破損的話，將會非常麻煩。但是，在自然界中，由於各種射線、紫外線和有害化學物質等的影響，DNA 會經常受到破壞。由於 DNA 為雙重結構，所以只要有一個鏈條完整，就可以修復破損的鏈條，而複製 DNA。在 1972 年，美國科學家伯格首次成功地重組了世界上第一批 DNA 分子，顯示了 DNA 重組技術：基因工程為現代生物工程的基礎，成為現代生物技術和生命科學的基礎與核心課題。

小博士 解說

DNA 為去氧核苷酸的高聚合物，它是染色體的主要成分，大部分的遺傳資訊儲存在 DNA 分子之中，很多的化學物質都可以引起 DNA 的分子變性，使得 DNA 雙鍵之間的氫鍵發生斷裂，從而解開雙股螺旋結構。

DNA 的重組

DNA 雙股螺旋結構揭開了生命科學的新篇章，開創了科技的新時代，科學家在 DNA 複製、重組層面取得了重大的突破。

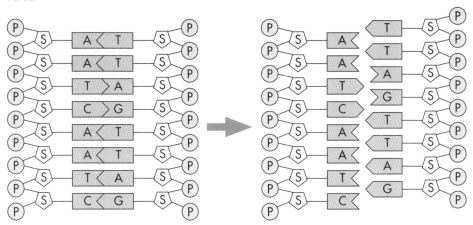

DNA 由鹼基的結合而連接在一起　　　　　　　　　　鹼基的連接被破壞，而呈現出零亂的狀態

合成

新的結合對象

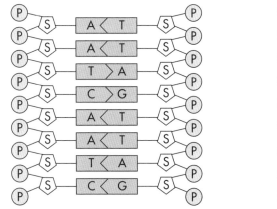
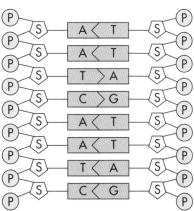

各自與新的鹼基結合，形成新的雙股螺旋 DNA，於是一個 DNA 就變成了兩個 DNA。

8-11 中立演化學說

（一）中立性突變

蛋白質的生成是由構成 DNA 的 4 種鹼基的排列方式所決定的，腺嘌呤（A）、胸腺嘧啶（T）、鳥嘌呤（G）、胞嘧啶（C）4 種鹼基中某 3 個鹼基的排列對應一種氨基酸。例如，TTT 對應苯基丙氨酸，TAT 對應酪氨酸。鹼基有 64 種排列組合，但氨基只有 20 種，因此，一種氨基對應多種組合，當發生突變時，即使某個鹼基發生變化，氨基酸也可能不會發生變化。

例如，TAT 和 TAC 都對應酪氨酸，因此即使當最後的 T 變為 C，成為 TAC，它所對應的同樣也是酪氨酸。

也就是說，即使一個鹼基發生突變，它所製造出來的蛋白質也不會發生變化，此種突變稱為中立性突變。另外，當一個氨基酸變為其他氨基酸時了、也不會對蛋白質產生影響，此種情況也稱為中立性突變。

（二）偶然性會引起突變

中立性突變不只是外觀和形狀等顯性性狀發生演化，即使是遺傳基因本身也需要不斷演化。

中立演化學說認為，基因的演化並不是達爾文主張的適者生存所引起的，而是由一些對於生物不好也不壞的中性突變的偶然發生所引起的。

中立演化學說非常聚焦於中立性突變，其中有利的變化是指可以提昇生存能力和繁殖能力的變化。由於發生中性變化，不會對生物產生較好的影響，也不會產生不好的影響，因此繁殖能力是不會有變化的。

從個體狀況來看，有些個體可能會產生大量的後代，而有些個體又可能沒有後代。也就是說，基因中性突變並不是因為自然淘汰，而是因為偶然因素而發生的，它使得生物發生演化。

小博士 解說

在明確了 DNA 結構之後，產生了各種嶄新的演化學說，中立演化學說即為其中的一種。

中立性突變導致演化

中立性突變

在 DNA 中,即使一個鹼基發生突變,它所製造出來的蛋白質有時也不會發生變化,此種突變稱為「中立性突變」。

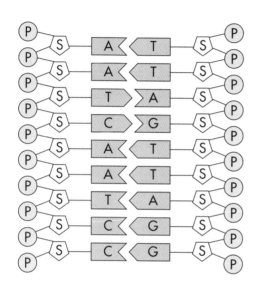

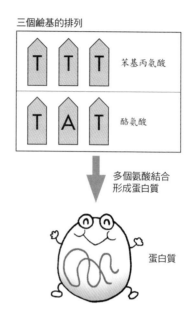

三個鹼基的排列

| T T T | 苯基丙氨酸 |
| T A T | 酪氨酸 |

多個氨酸結合
形成蛋白質

蛋白質

中立演化學說

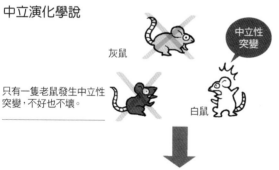

灰鼠

中立性
突變

只有一隻老鼠發生中立性
突變,不好也不壞。

白鼠

由於偶然因素,存活下來
的子孫會增加。

中立演化學說認為,基因的演化並不是達爾文主張
的適者生存所引起的,而是由一些對於生物不好也
不壞的中性突變的偶然發生所引起的。

代代相傳,中立性突變固
定下來,生物發生演化。

8-12 演化的四階段理論

（一）演化的四個階段

在中立演化學說出現之後，演化理論又面臨了一些新的問題。因為中立性突變在性狀上並沒有任何顯示，因此，即使是發生了中立性突變，它是否與演化相關，我們也無法得知。

針對此種新出現的問題，科學家又提出了「演化四階段理論」，就是演化的流程分為 4 個階段：第一個階段，如果競爭對手滅絕同時發現了新大陸，從而產生生存空間的話，生物就沒有了生存競爭的壓力；第二個階段，在此種情況下，自然淘汰的壓力有所紓解，中立性突變會迅速擴展；第三個階段，累積起來的中立性突變有時也會產生正面的影響；第四個階段，當自然界中各種變異的物種增加時，自然淘汰會重新發揮功能。

也就是說，當環境發生劇烈變化而使自然淘汰有所減緩時，中立突變會開始累積。很多中立突變可以共存，在自然淘汰的狀態下，本該滅絕的生物數量，現在也會逐漸增加。

在此流程中，有利於自然淘汰的中立突變開始發揮功能，並使生物在淘汰流程中能夠生存下來。

（二）中立演化學說的特色

此學說的最大特色是，在自然淘汰有所紓解時，必須要有一個中立突變所累積的流程。

例如，在恐龍滅絕之後，哺乳類動物數量的迅速增加，以及寒武紀生物的快速演化，新物種的大量出現，都是由於當時並沒有其他生物與之進行生存競爭，使得自然淘汰有所紓解，此點也相當程度地印證了中立演化學說。

小博士 解說

中立演化學說將生物演化的流程分為 4 個階段，在自然淘汰有所紓解時，新物種會大量地出現。

中立演化學說
演化的四個階段

1

競爭對手滅絕，環境的鉅大變化使得
生物沒有了生存競爭的壓力

2

自然淘汰的壓力有所紓解，多種中立
性突變共存

3

累積起來的中立性突變有時也會產生
正面的影響

4

自然淘汰會重新發揮功能，
出現新的物種

演　化

中立突變到底是如何與控制性狀的基因變化相關呢？
此為今後需要證實的一大問題。

8-13 其他學者的演化論

除了上述所介紹的演化理論，19 世紀還出現了很多新提出來的演化理論。以往的演化學說主要以古生物學、分類學、生態學、比較解剖學、考古學等為基礎，但最近的演化論大多是以遺傳學、分子生物學、病菌學和動物行為學等作為基礎理論。

（一）隔離說

在 19 世紀末德國的華格納（Moritz Wagner）所主張的演化論，他認為地理位置上的完全隔離，所以才會產生新物種。

（二）內部選擇說

1940 年代，英國生物學家霍爾丹（John Haldane）所倡導的演化論。該理論認為，在接受自然淘汰之前，發生突變的基因會進行選擇，以判斷是否會影響生物體內的平衡。

（三）移動平衡

1932 年美國群集遺傳學家懷特（Wright）所提出的演化論。他首先使用統計學證實在個體數量很少的集團中，基因突變很容易擴展。在此基礎上，他提出，與其他地方相隔離的少量生物所組成的某個物種，其演化速度比較快。

（四）新拉馬克演化論

在達爾文演化論逐漸向綜合演化論發展的背景下，由 1855 年美國的帕卡德（A. S. Packard）提出，該理論認為獲得性狀可以遺傳。

在進入 20 世紀之後，該理論失去了影響力。1930 年代，蘇聯（現在的俄羅斯）遺傳學家李森科（T. D. Lysenko）運用了嫁接等方法成功地培育出了優良的品種，於是該理論重新復甦。

小 博 士 解 說

達爾文演化論發表之後的 140 年間，演化論可謂百家爭鳴，如同雨後春筍，各種新的演化論不斷地出現。

新出現的演化論學說

19 世紀以來,關於演化論,出現了越來越多的新學說,而且以遺傳學、分子生物學、病菌學和動物行為學等等作為基礎理論。

(一)隔離說

在 19 世紀末德國的華格納(Moritz Wagner)所主張的演化論,他認為地理位置上的完全隔離,所以才會產生新物種。

(二)內部選擇說

1940 年代,英國生物學家霍爾丹(John Haldane)所倡導的演化論。該理論認為,在接受自然淘汰之前,發生突變的基因會進行選擇,以判斷是否會影響生物體內的平衡。

(三)移動平衡

1932 年美國群集遺傳學家懷特(Wright)所提出的演化論。他首先使用統計學證實在個體數量很少的集團中,基因突變很容易擴展。

美國白蛾

(四)新拉馬克演化論

由 1855 年美國的帕卡德(A. S. Packard)提出,該理論認為獲得性狀可以遺傳。在進入 20 世紀之後,該理論失去了影響力。1930 年代,蘇聯(現在的俄羅斯)遺傳學家李森科(T. D. Lysenko)運用了嫁接等方法成功地培育出了優良的品種。

達爾文演化論發表之後的 140 年間,各種新的演化論不斷地出現。

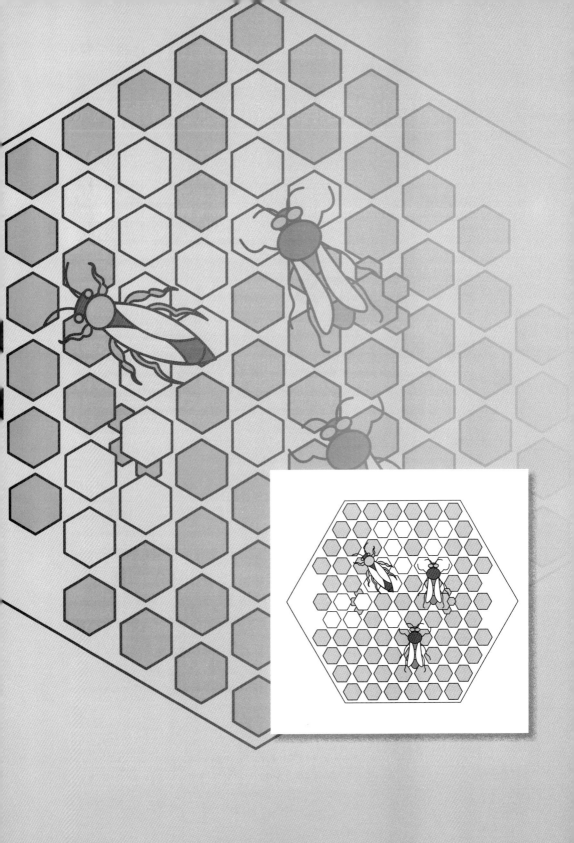

第9章
微生物學與演化論的發展趨勢

20 世紀，微生物學的發展，將演化論落實到顯微鏡下面顯形，新的研究發現層出不窮，演化論的發現又進入了一個嶄新的年代。

9-1 動物的行為與演化

（一）行為學與演化論

各種演化論，不僅需要注意生物的外形變化，而且聚焦動物的行為也是非常重要的。科學家將各種動物與生俱來的行為稱為本能。

但是由於「本能」此名詞的含義過多，因此人們往往會把所有的行為都歸諸為本能。而把動物的所有行為都歸諸為本能的話，似乎太過於勉強。因此，1940 年代，奧地利動物行為學家勞倫斯（Konrad Lorenz）等人提出了動物行為學。1973 年勞倫斯由於對動物行為學層面開拓性的研究而獲得 1973 年的諾貝爾獎，將動物行為學說與集體遺傳學整合起來，形成了一種新的演化論。

此位「動物行為學之父」曾留下一張讓世人印象深刻的一張照片，畫面上顯示出一群小灰雁，將他當成母親，成群緊跟在他的身後走，此即為鳥類「銘記作用」（Imprinting）的絕佳寫照。所謂「銘記作用」，主要用以說明動物在出生之後，第一次接收到的學習內容，會將其深刻地留在腦海中，導致日後模仿的認知與行為，都會以「第一印象」做為標的。

達爾文的演化論認為，動物的一切行為對於本身都是有利的。但是，在非洲有一種動物叫做非洲野狗（Lyoaon），它們喜歡群居生活，在族群中，只有一隻公狗負責繁殖後代，其他公狗則負責撫養幼狗，這是一個利他行為的範例。

（二） 動物的利他行為

如上面所舉的例子一樣，動物有很多犧牲自我的利他行為。為了對此種行為作出解讀，在 1964 年，英國的漢彌頓（William Hamilton）提出了「親緣選擇理論」。該學說認為，所有的動物之所以都有利他的行為，是因為它們都有具有一種控制該行為的基因，此種基因的遺傳機率比其他基因更高，甚至延伸到了自然淘汰制中。當某一個體幾乎無法繁殖後代之時，同一個族群的其他動物的基因與本自身的基因也非常相似，也就是說採取一種血緣基因遺傳的行為。

小博士解說

在進入二十世紀，科學家在研究動物的時候，開始注意動物的行為，而有些演化是動物行為的改變所造成的。

銘記（Imprinting）：這是某些生物在其生命早期特定的敏感時期的一種不可逆的認知行為。例如，有些鴨、鵝孵出後會把它們最早見到的能運動的物體當作自己的父母，這一現象是奧地利行為學家勞倫斯（K. Lorenz）在 1930 年代發現的，被他用來行為實驗的許多鴨、鵝終身把他本人當成了自己的母親。

動物的行為與演化

勞倫斯與動物行為學

勞倫斯（Konrad Lorenz，1903-1989）出生於奧地利最美麗的音樂城市維也納，他是動物行為學的開山鼻祖，他深信動物的行為正如同動物身體構造的適應功能一樣，為求取生存的憑藉，同樣為適應環境的結果。

動物行為學的開山鼻祖

襲擊為獅子的本能

動物的利他行為

達爾文的演化論認為動物行為對於個體與群集來說都是相當有利的。

雄性孔雀會開屏來吸引雌性的注意，所以尾巴較為漂亮的孔雀會有更多的後代。此種行為對孔雀本身與族群都是有利的。

雌性孔雀在選擇異性時相當苛刻

漢彌頓的理論

漢彌頓（William Hamilton, 1936- ？）在 1964 年提出了「親緣選擇理論」。該學說認為，所有的動物之所以都有利他的行為，是因為它們都有具有一種控制該行為的基因，此種基因的遺傳機率比其他基因更高，使它們必須要保護後代。

保護孩子

巨型龜類

在達爾文環遊世界的時候，在加拉帕格斯群島曾經看見各式各樣的巨型龜，其中雄龜在發情時會發出叫聲。左圖為帶刺軟殼水龜，右圖為海龜。

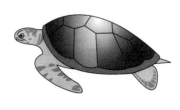

9-2 漢彌頓的親緣選擇理論

動物的利他行為

達爾文的演化論認為，在生存競爭中存活下來的個體將大量地繁殖後代，從而使得物種發生演化。然而，在地球上的所有動物之中，有些個體卻不繁殖後代。例如蜜蜂分為蜂王、雄蜂和工蜂，但負責繁殖後代的只有蜂王。工蜂雖然是雌性的，但卻無法繁殖後代，它們只負責做各種工作。例如，負責清理蜂王所產的卵、培育幼蜂、搬運食物、打掃蜂巢穴等。像工蜂的此種利他行為，達爾文的演化論卻無法加以解讀。

我們可以發現，工蜂之間基因相同的比例很高。蜂王的基因由兩個組成一對，如果以「AB」來表示的話，所產生的卵子基因就是「A」或「B」。雄蜂的基因是不成對的。

假如卵子與含有「C」基因的精子相結合之後，繁殖出大量的工蜂，則它們的基因將是「AC」或者是「BC」。也就是說，工蜂的基因要麼 100% 相同，而即使不同也是「AC」或「BC」中的一個，因此有 50% 的基因是相同的。將這兩個數值平均一下，工蜂的血親度就是 75%，這比人類的父子和兄弟之間的血親度更高。根據此一理論可以得出結論，工蜂之所以照顧蜂王所產下的後代，是為了增加與自己基因相同的蜜蜂比例。

漢彌頓認為，此種幫助血親的利他行為是由專門的基因所控制的，親緣選擇理論的主要內容就是，動物的親緣關係越近，動物彼此合作的傾向和利他行為也就越強烈；親緣越遠，則表現越弱。

小博士解說

漢彌頓為英國著名的生物學家，他在研究了動物的利他行為之後，提出了著名的親緣選擇理論，他認為動物的親緣關係越近，動物彼此合作的傾向和利他行為也就越強烈。

對於每個生物個體都能有不同程度獲益的社會行為，其相關的基因頻率會因為天擇的作用而增大，從而使這些行為得到發展，這是很容易瞭解的。但有些生物的社會族群中的一些個體，為了族群中其他個體的利益，有時會表現主動犧牲自己的利益甚至生命的利他行為（Altruism）。例如，工蜂為了保衛蜂巢穴會痛螫來犯的動物或人，然後，它自己將因帶倒刺的螫針被拉脫而死去。有些鳥類和哺乳類動在長大以後不立即建立新家，而是先幫助其親代撫育幾窩後代，這在一定程度上影響了它們自己繁殖後代。那麼，這些不利於個體生存或繁殖的利他行為怎麼可能在演化中出現和保存呢？

親緣選擇理論

基因與利他行為

漢彌頓認為，此種幫助血親的利他行為是由專門的基因所控制的，親緣選擇理論的主要內容就是，動物的親緣關係越近，動物彼此合作的傾向和利他行為也就越強烈；親緣越遠，則表現越弱。

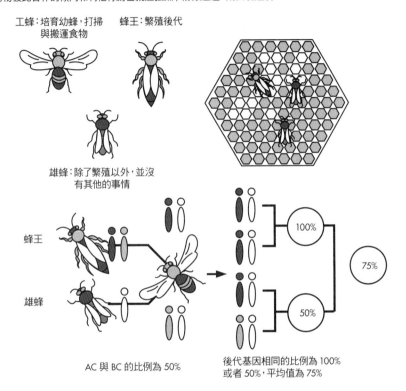

工蜂：培育幼蜂，打掃與搬運食物　　蜂王：繁殖後代

雄蜂：除了繁殖以外，並沒有其他的事情

蜂王

雄蜂

AC 與 BC 的比例為 50%

100%

50%

75%

後代基因相同的比例為 100% 或者 50%，平均值為 75%

＋ 知識補充站

利他行為：個體出於自願而不計較外部利益來幫助他人的行為，利他行為者可能需要作出某種程度的個體犧牲，但卻會給他人帶來實質的好處。

漢彌頓（W. Hamilton）提出親族選擇（Kin Selection）解讀利他行為。他指出，當一個親代個體撫育後代個體時，它並不僅是在幫助自己的基因複製，每個後代個體只繼承了它 1/2 的基因。通常，同胞個體之間也有約 1/2 的基因是相同的，所以幫助父母繁殖更多後代，與自己繁殖後代相比，對於繁殖自己攜帶的同類基因的效果而言是相等的。由於資源限制等原因，有時透過幫助親代增加的繁殖成功率比自己繁殖的成功率更大，因此幫助父母繁殖這利他行為的基因頻率，就會因自然選擇的作用而增大。同樣的原理也適用於透過幫助其他親族間接實現自我基因繁殖的效果，例如，侄子或侄女與自己的基因有 1/4 相同，表兄弟姐妹之間約有 1/8 的基因相同等。因此，漢彌頓戲稱：「我願為兩個兄弟或八個表兄弟獻出我的生命」親族選擇原理可用於解讀各種生物利他行為的演化。

一些演化生物學家認為，近親繁殖有利於族群內部利他行為的演化。

9-3 生物只不過是 DNA 的載體

　　道金斯（Richard Dawkins）為英國著名的動物學家，在 1976 年出版了「自私基因」（Selfish Gene）一書，一時洛陽紙貴。

　　在本書中，他提出了一種嶄新的想法：基因是自私的，所有生物的繁衍、演化，都是基因為了求取本身的生存與繁衍所發生的結果；更嚴酷地說，生物只不過是受到 DNA 所控制的機器人，完全是基因在主宰我們這部機器！

　　而達爾文的演化論認為，繁殖大量的後代是演化中取得勝利的第一步，適應環境的生存再來繁衍更多的後代。

　　然而，在對自然界觀察的流程中，我們也會經常看到動物自我犧牲的行為發生。最有代表性的例子就是當雲雀發現自己的孩子被狐狸盯上之後，為了幫助孩子，自己假裝受傷而引起狐狸的注意，從而成功地解救了自己的孩子。

　　雲雀的生命在面臨威嚇時，就意味著它的 DNA 受到了威脅。因此，母親的 DNA 會發出命令，即使犧牲自己也要保住孩子的 DNA。

　　由於母親和孩子的 DNA 都是一樣的，所以不管哪一方獲救都是一樣的。但更進一步來看，比起母體的 DNA，子體的 DNA 更能大量地加以複製。對於 DNA 來說，只要能夠增加自己的摹本，犧牲自身根本就不是什麼大事。

　　動物的利他行為是由基因的這種求生存策略所決定的，如此看來，DNA 是一個名符其實的利己學說者。

　　在對自然界此種現象的仔細觀察和研究之後，道金斯才提出了利己基因的想法。

小博士解說

　　英國著名的動物學家道金斯提出了「自私基因」的學說，他認為生物只不過是受到 DNA 所控制的機器人，完全是基因在主宰我們這部機器！

道金斯的理論

道金斯（Richard Dawkins，1941～迄今），英國著名的動物學家與科普作家，著有「自私基因」、「上帝的錯覺」等多部著作。

自私的基因

道金斯在 1976 年出版了「自私基因」（Selfish Gene）一書，他認為生物只不過是受到 DNA 所控制的機器人，完全是基因在主宰我們這部機器！所有生物的繁衍、演化，都是基因為了求取本身的生存與繁衍所發生的結果。

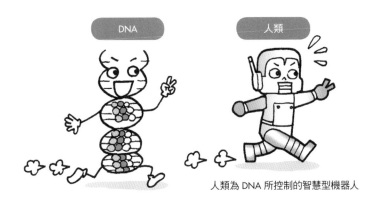

人類為 DNA 所控制的智慧型機器人

DNA 是一個名符其實的利己主義者

急急如律令！即使犧牲自己也要保全孩子的 DNA
對於 DNA 來說，只要能夠增加自己的基因摹本，犧牲自身根本就不是什麼大不了的事情。

9-4 基因的存活策略

為了繁衍後代

同一物種的動物之間，不會進行殘酷的相殺已經成為了生物學界的共識。運用達爾文演化論來分析也可以看出，同一物種的個體之間相互殘殺，並不有利於物種的生存和繁殖。然而，1962 年科學家經過仔細的觀察發現，在印度一種叫做長尾葉猴（Hanuman Langur）的猴群中存在「殺子」的現象。

長尾葉猴群由一隻雄猴和許多雌猴所組成。但有些雄性個體也脫離族群而單獨生活」。獨自生活的雄性個體會襲擊領導族群的雄性猴，而搶奪整個族群。如果族群中的雌性個體正在哺育後代的話，就不會再分泌荷爾蒙而發情。如此一來，即使雄猴奪取了整個族群，也不一定能夠繁殖後代，因此，該雄猴會從母猴那裏奪取孩子並將之殺害，以使母猴又進入發情期，而能夠重新繁殖自己的後代。

道金斯針對此種情況而解讀說，這是基因的求生存策略，利己基因發出「繁殖自己的後代」的命令才導致了此種行為。此種類似的殺子行為，在其他很多的動物族群中都存在。

布穀鳥會把卵產到其他鳥的巢穴中，讓其他鳥類孵出自己的孩子，當布穀鳥的孩子出生之後，會為力了獲得更多的食物，把其他鳥類的孩子擠出窩外摔死，當它長大之後就會不聲不響地離開。還有雄性的藍鰓魚（Bluegill）會假扮雌性來傳遞自己基因等行為，這些現象在道金斯看來，都只不過是受到利己基因求生存策略的控制而產生的。

小博士 解說

道金斯認為 DNA 是自私的，它的一切目的皆為生存與繁衍，對於 DNA 來說，只要能夠增加自己的摹本，犧牲自身根本就不是什麼大事。

自私基因的策略

自私基因的求生存方法

1962 年科學家經過仔細的觀察發現，在印度一種叫做長尾葉猴（Hanuman Langur）的猴群中存在「殺子」的現象。長尾葉猴群由一隻雄猴和許多雌猴所組成。但有些雄性個體也脫離族群而單獨生活。獨自生活的雄性個體會襲擊領導族群的雄性猴，而搶奪整個族群。如果族群中的雌性個體正在哺育後代的話，就不會再分泌荷爾蒙而發情。如此一來，即使雄猴奪取了整個族群，也不一定能夠繁殖後代，因此，該雄猴會從母猴那裏奪取孩子並將之殺害，以使母猴又進入發情期，而能夠重新繁殖自己的後代。道金斯針對此種情況而解讀說，這是基因的求生策略，自私基因發出「繁殖自己的後代」的命令才導致了此種行為。

道金斯的結論

道金斯認為這是基因的求生策略，自私基因發出「繁殖自己的後代」的指令才導致了此種行為。
把其他雄性的後代通通消滅掉，為了自己後代的誕生，做出一番準備。

9-5 道金斯的自私基因

對自私基因的歸納

同是基因的求生策略，布穀鳥依靠其他鳥類來哺育自己的後代，而長尾葉猴和藍鰓魚卻殘害自己的同伴而千方百計地去繁殖自己的後代。

也就是說，只要能繁殖自己的後代，即使是犧牲同一個族群的某些個體也無所謂。

漢彌頓的親緣選擇學說認為，動物有一種控制利他行為的基因，當自己的基因無法傳遞時，為了能夠讓與自己基因相同或者非常相似的親緣基因得到遺傳，動物會採取一種利他行為。

但是基因的此種行為，實際上並不是為了幫助有親緣關係的個體。對於基因而言，無論如何只要自己的後代能夠增加就好，因此與其說此種行為是利他，不如說是自私因素在作祟。

在鴕鳥中，多個雌性個體會把卵產在同一個窩中，而孵卵的則是最先產卵的個體。因此，同一隻鴕鳥有時需要照顧五十多隻小鴕鳥。

而牠之所以會這樣做是因為，如果只帶自己的孩子的話，被捕食的機率是 100%，而如果同時帶著其他鴕鳥的小鴕鳥，那麼自己的孩子被捕食的機率就小很多，這就是道金斯的自私基因理論。

與其他演化論一樣，道金斯的此種理論也受到了很多的批評和反對。而道金斯身為一位達爾文演化論的支持者，為了能夠有效地使用達爾文演化論來解讀演化問題，他才提出了自私基因理論。

不過，他認為發生自然淘汰的單位並不是不適應環境的個體，而是無用的基因，這是與達爾文理論所不同的獨創性觀點。

小博士 解 說

道金斯為達爾文演化論的支持者，他認為發生自然淘汰的單位並不是不適應環境的個體，而是無用的基因，生物不斷地演化，繁衍為自私基因運作的結果。

DNA 支配行為

自私基因的求生存方法

不同的生物在自私基因的運作下，會想方設法使自己的後代繁衍下去。雖然同是基因的求生存策略，但是所使用的方法卻大異其趣。

利用其他物種

布穀鳥
布穀鳥將卵產於其他鳥類的巢中

利用同一物種的其他個體

長尾葉猴
長尾葉猴為了繁衍自己的後代而殺死他其他雄性的後代

鴕鳥同時帶著其他鴕鳥的小孩一起出去，那麼自己的孩子被捕食的機率就小很多。

狼

自己的孩子

其他鴕鳥的孩子

我所提出的「自私基因」學說正是為了更準確地證實達爾文的演化論。

道金斯

9-6 病毒是否會改變基因

基因為何會突變

到目前為止，還沒有任何一種觀點反對演化是由於基因發生變化而產生的，而且很多演化理論都把基因的此種變化解讀為突變。

然而，此種突變是否一定對動物有利，目前還存在著很多的疑問。而且，目前尚未發現基因發生巨大突變的物種。

除了基因突變之外，是否可以運用其他的理論來解讀基因發生突變的原因呢？DNA 有一種雙重結構，具有很強的修復功能，因此非常地穩定。

但是在自然界中，由於放射線、紫外線和有害化學物質的影響，會使 DNA 的雙股螺旋結構受到破壞而發生變化。目前利用生物技術也可以進行人工基因重組，利用病毒將一種基因組裝到另一種基因中，從而促使基因發生變化，則此種基因重組，在自然界中會不會發生呢？

新提出來的病毒演化說正是以此種想法為基礎而產生的。1971 年，一些科學家提出了演化是由於病毒的影響而引起的「病毒演化說」。所謂病毒演化說就是以病毒為基礎，將基因從一個個體轉移到另一個個體的「病毒引起基因的平移移動」的想法而提出的一種假設。

簡而言之，病毒將基因轉移到某個個體的基因中之後，促使基因發生變化，從而促使生物發生演化，即為「演化是由病毒所引起的傳染病」。

小**博士**解說

現在，一些科學家認為，基因發生突變的一個重要原因，是由於病毒的影響。在生物接觸病毒時，病毒會改變 DNA 的結構，從而導致基因突變，而使生物隨之發生變化。

病毒演化論

在病毒演化論之前的理論

不同的生物在自私基因的運作下,會想方設法使自己的後代繁衍下去。雖然同是基因的求生存策略,但是所使用的方法卻大異其趣。

垂直移動

基因只透過母體而遺傳給子體

母體

子體

在此之前,基因只能透過母體而遺傳給子體,而基因的變化如何在族群中固定下來,一直倍受爭議。

病毒引起基因的平移移動

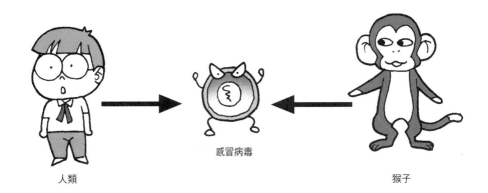

人類

感冒病毒

猴子

➕ 知識補充站

基因的平移移動:基因的平移移動是指基因從一個個體移動到另一個個體。此種移動,可以超越物種在不同的物種之間進行。

9-7 病毒是生物還是非生物？

病毒

在介紹自然界中病毒能夠引起基因突變之前，我們先對能夠引起基因突變的病毒加以介紹。

病毒原指一種動物來源的毒素，能夠引起天花、依波拉（Ebolo）出血熱、流感等各種傳染疾病的病原體。

病毒由遺傳基因和保護它的蛋白質外殼所組成，其主要特色是：含有單一種核酸（DNA 或 RNA）的基因組和蛋白質外殼，並沒有細胞結構；在感染細胞的同時或稍後釋放其核酸，然後以核酸複製的方式增殖，而不是以分裂為二的方式增殖；為嚴格的細胞內寄生性。

地球上有很多生物，但生物的需求要滿足兩種條件：有遺傳基因；可進行繁殖。病毒既具有基因又可以進行繁殖，完全滿足了上述兩種條件，因此病毒屬於生物。但並不能就此單純地把病毒歸類為生物，因為病毒只能在其他生物的細胞中加以繁殖。

進行癌細胞研究又曾獲得諾貝爾醫學獎的杜爾貝科（Dulbecco）曾經說過，「病毒在活細胞內進行繁殖時可以說是生物，但脫離了細胞就不能說它們是生物了」。

他這句話可以說是對於病毒最好的描述在病毒中，有一種專門入侵細菌的噬菌體。此種噬菌體的行動非常奇妙。當一個噬菌體入侵一個細菌之後，在脫離該細胞入侵其他細胞時，會將原來細胞的遺傳基因攜帶出來。如此一來，原來入侵細胞的基因會改變未來入侵細胞的性狀。此種現象就是噬菌體所引起的「性狀導入」。

小**博士** 解 說

病毒是一種個體微小、無完整細胞結構、含單一核酸（DNA 或者 RNA）型，必須在活細胞內寄生，並且複製的非細胞微生物。

什麼是病毒

各種形狀的病毒

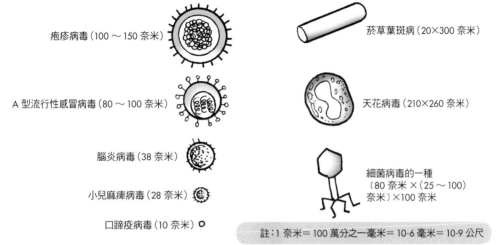

疱疹病毒（100～150 奈米）

菸草葉斑病（20×300 奈米）

A 型流行性感冒病毒（80～100 奈米）

天花病毒（210×260 奈米）

腦炎病毒（38 奈米）

小兒麻痺病毒（28 奈米）

細菌病毒的一種〔80 奈米 ×（25～100）奈米〕×100 奈米

口蹄疫病毒（10 奈米）

註：1 奈米＝100 萬分之一毫米＝10-6 毫米＝10-9 公尺

細菌性病毒「噬菌體」的感染方式

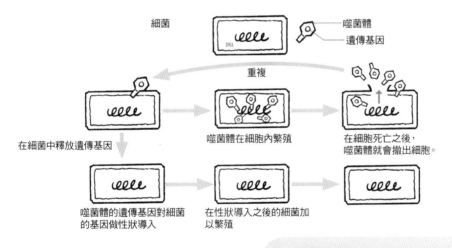

細菌

噬菌體
遺傳基因

重複

在細菌中釋放遺傳基因

噬菌體在細胞內繁殖

在細胞死亡之後，噬菌體就會撤出細胞。

噬菌體的遺傳基因對細菌的基因做性狀導入

在性狀導入之後的細菌加以繁殖

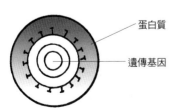

蛋白質

遺傳基因

＋ 知識補充站

　病毒：病毒由遺傳基因和保護它的蛋白質外殼所組成，其主要特色是：(1) 含有單一種核酸（DNA 或 RNA）的基因組和蛋白質外殼，其中並沒有細胞結構；(2) 在感染細胞的同時或者稍後釋放其核酸，然後以核酸複製的方式來增殖，而不是以分裂為二的方式來增殖；(3) 為嚴格的細胞內寄生性。病毒必須在活細胞之內寄生，並且複製的非細胞微生物。

9-8 病毒所引起的基因突變

（一）噬菌體

另外還有一種細菌，如果不感染噬菌體的話，就不會成為病原體。例如白喉菌和肉毒桿菌會產生強烈的毒素，此種毒素其實並不是細菌的基因，而是噬菌體所攜帶的基因產生的，此種現象稱為「噬菌體轉換」。噬菌體為感染細菌、真菌、放線菌或螺旋體等微生物的細菌病毒的總稱。

人們經常會談論 O-157，它名為「腸道出血性大腸桿菌」。雖然為大腸桿菌，但它所產生的毒素卻與痢疾桿菌一模一樣。O-157 和痢疾桿菌之所以能夠產生毒素是因為，具有可產生細菌外毒素的基因。依據相關研究，此種產生毒素的基因是透過病毒，從痢疾桿菌攜帶過來的。O-157 可以透過病毒演化為痢疾桿菌。

（二）病毒的分類

病毒也可以加以分類，根據不同病毒含有核酸類型的不同來分類，有些病毒含有DNA，但有些病毒含有 RNA。RNA 的構造與 DNA 幾乎一樣，也是由核糖、磷酸和鹼基組成核苷酸，再排列成為鎖鏈狀。而鎖鏈卻不是兩條，而是單條的，核糖種類與4 種鹼基中的一種與 DNA 有所不同。

（三）HIV

以 RNA 為遺傳基因的病毒被稱為「逆轉錄酶病毒」，在出現不久之後就襲擊全球的愛滋病毒（HIV）就是一種逆轉錄酶病毒。此種病毒呈現球狀，其核心呈中空椎形，由兩條相同的單鏈 RNA 鏈、逆轉錄酶和蛋白質所組成。其核心之外為病毒衣殼，呈現 20 面體立體對稱，含有核衣殼蛋白質。因此，愛滋病毒的基因並不是 DNA，而是RNA。

小博士 解 說

病毒根據含有核酸類型的不同，可以簡單地分為兩類：DNA 病毒與 RNA 病毒。病毒在自然界分布廣泛，可以感染細菌、真菌、植物、動物與人，常引起宿主發病。

逆轉錄酶病毒

病毒的分類

根據遺傳基因,病毒可以分為兩種:

DNA 病毒

疱疹　　　　腺病毒

擁有兩個鏈鎖狀的 DNA 遺傳基因

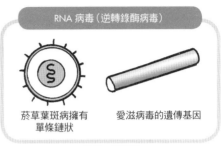

RNA 病毒(逆轉錄酶病毒)

菸草葉斑病擁有　　愛滋病毒的遺傳基因
單條鏈狀

擁有一條鏈狀

RNA 的結構

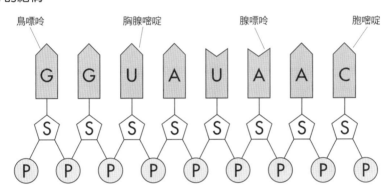

鳥嘌呤　　　　胸腺嘧啶　　　　腺嘌呤　　　　胞嘧啶

G G U A U A A C

S S S S S S S S

P P P P P P P P P

鍊鎖結構是由核糖與「鳥嘌呤、胸腺嘧啶、腺嘌呤及胞嘧啶」4 種鹼基所構成

愛滋病毒的感染流程

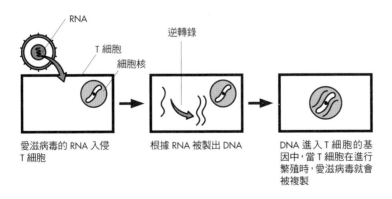

RNA

T 細胞
細胞核

逆轉錄

愛滋病毒的 RNA 入侵
T 細胞

根據 RNA 被製出 DNA

DNA 進入 T 細胞的基
因中,當 T 細胞在進行
繁殖時,愛滋病毒就會
被複製

9-9 逆轉錄酶病毒所引起的演化

（一）逆轉錄酶

科學家觀察發現，逆轉錄酶病毒帶有「逆轉錄酶」，當進入宿主體內之後，此種酶會從 RNA 上複製遺傳資訊，並合成 DNA。

當從 RNA 上複製出的 DNA 進入宿主的基因之後，逆轉錄酶病毒的感染流程就此結束。在受到感染之後，每次宿主的細胞繁殖時，此種病毒可以自己複製 RNA 並加以繁殖。

最近的研究發現，此種逆轉錄酶病毒與演化具有密切的關係。逆轉錄酶病毒可以把一個宿主的基因導入另一個宿主基因內部，從而改變新宿主的基因。

人們逐漸發現，此種由逆轉錄酶病毒所引起的基因變化是引起生物演化的重要原因。

（二）逆轉錄酶病毒所引起的演化

1985 年，科學家們首次發現了逆轉錄酶病毒會引起演化的現象。因為他們發現，田鼠基因中有一種叫做「IAP」逆轉錄酶病毒的 DNA 的一部分，此種病毒與老鼠身上產生「免疫球�’脫 E 結合因子」的 DNA 的鹼基序列幾乎是一致的。此意味著在很久以前，田鼠感染了 IAP 逆轉錄酶病毒，田鼠與老鼠雜交把此種病毒傳染給老鼠，此種病毒進入老鼠遺傳基因內部之後，在老鼠體內演化為全新的基因，導致了老鼠的變異。

還有一些古生物學家研究發現，在 1000 萬年之前，生活在地中海沿岸的狗和狒狒的 DNA 鹼基序列有相同的部分，此部分相同的鹼基排列所構成的就是逆轉錄酶病毒，此種現象也可以解讀為逆轉錄酶病毒能夠引起演化。

（三）病毒為基因的傳遞工具

達爾文的演化論產生之後，所有的演化論都認為，基因只能從母體傳遞給後代。因此，各種演化論，都只針對母體基因的變化是如何傳遞給後代，並在整個種族中固定下來的問題進行了研究和探討。

而與此種觀點相對應的是，病毒演化說認為，基因可以在個體之向進行平移移動。基因的平移是指與基因從母體傳遞給子體並沒有任何關係，而是在個體之間傳遞的現象。基因從母體傳遞給兒子，再傳遞給孫子，此為基因的垂直移動。

而基因的水平移動是指橫向的水平移動。

也就是說，一個個體的基因受到另一個完全沒有關係的個體基因的入侵之後，基因發生變化，從而產生新的性狀。

病毒演化說還認為，病毒基因的水平移動不僅侷限於同一個物種，而且還可以在不同物種之間進行。而承擔了基因移動工作的則是病毒。

因此，病毒演化說認為，演化是由病毒所引發的傳染病。

從病毒演化說的觀點來看，病毒僅僅是基因傳遞的運輸工具，既不是生物也不是非生物。胃和腸等消化器官是為了吸收營養才存在的，而肺是為了呼吸才存在的。

如此看來，胃、腸和肺等器官對於生物來說即為工具。同理可以得出結論，病毒就是傳遞基因的細胞內的小器官。

逆轉錄酶病毒與的演化關係

逆轉錄酶病毒的發現

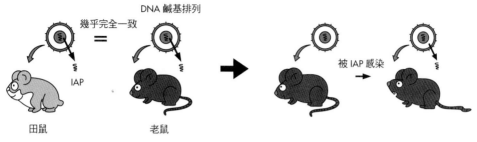

DNA 鹼基排列

幾乎完全一致

IAP

田鼠　　　　老鼠

被 IAP 感染

此意味著在很久以前，田鼠感染了 IAP 逆轉錄酶病毒，田鼠與老鼠雜交把此種病毒傳染給老鼠，此種病毒進入老鼠遺傳基因內部之後，在老鼠體內演化為全新的基因，導致了老鼠的變異。

科學家的新發現

狒狒的逆轉錄酶病毒　＝　狗的逆轉錄酶病毒

狒狒　　　　　　　　　　　　　　　狗

狗感染了狒狒身上的逆轉錄酶病毒

病毒演化說所描述的演化流程

基因的垂直移動

一般的演化理論認為基因是在物種之間垂直移動的，基因從母體傳遞給兒子，再傳遞給孫子。

祖父　　爸爸　　兒子

基因的水平移動

只要有運輸工具，基因就可以在個體之間作水平移動，病毒演化說認為此種運輸工具即為病毒。

病毒

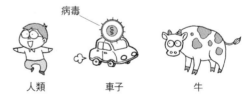

人類　　　車子　　　牛

生物器官都是工具

各種器官對於生物來說都是工具。

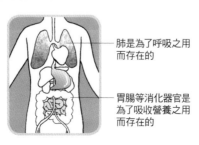

肺是為了呼吸之用而存在的

胃腸等消化器官是為了吸收營養之用而存在的

病毒

病毒為傳遞基因之細胞內微小器官

9-10 病毒演化說與達爾文演化論的區別

（一）演化必要條件的區別

　　病毒演化說和達爾文演化論之間最大的區別主要有三個。第一個區別是達爾文演化論認為自然淘汰是演化的必要條件，而病毒演化說認為，即使沒有自然淘汰，生物也會發生演化。

　　長頸鹿的脖子並不是因為自然淘汰而變長的，而是因為感染了攜帶有使得脖子變長的病毒之後，由於患上該病症，而使脖子才變長的。

　　達爾文演化論認為長頸鹿的脖子變長是相當有利的，而病毒演化說卻認為此種觀點並沒有什麼意義。

（二）演化單位的區別

　　第二個區別是演化單位的單位不同。天體運動學認為地球和月球為運動的基本單位，而量子力學認為運動的基本單位為分子和原子，從此我們可以看出，各種自然現象都是有一定的單位，演化論也有一定的單位，在達爾文演化論中，演化的單位為個體，而病毒演化說的演化單位為物種。達爾文演化論認為，只有單一個體的基因發生變化。

　　而病毒演化說認為，由於許多個體感染病毒而致使整個物種的基因發生變化。

（三）引起基因變化機制的區別

　　第三個區別是引起演化基因的變化機制不同。達爾文演化論認為，基因發生變化的原因在於突變；而病毒演化說認為，基因是被病毒攜帶進來的基因所改變的，上述三點就是達爾文演化論與病毒演化說之間的主要差異。

小博士 解 說

　　病毒演化說和達爾文演化論之間有很大的區別，它們對演化的條件、演化的單位與演化機制的論述皆大異其趣。

病毒演化說與達爾文演化論的主要區別

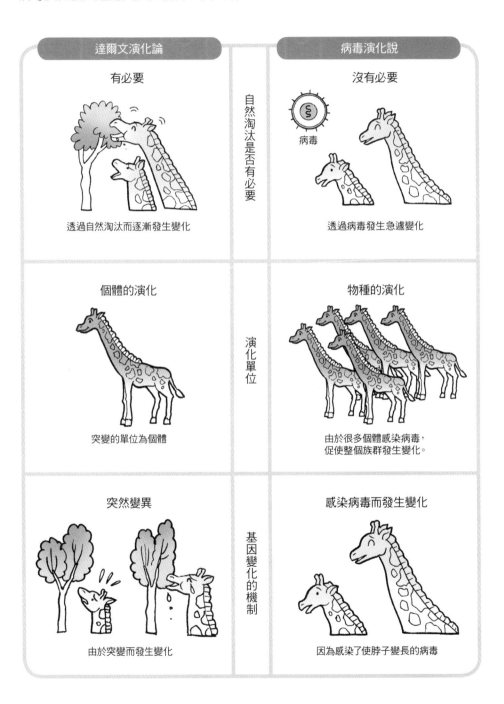

9-11 突然變異的隱藏基因

（一）隱性基因說

在 1988 年，哈佛大學的凱恩斯（John Cairns）和赫爾（Bally Hall）運用實驗證實了隱性基因學說。該學說認為，突變具有方向性，此與以往的演化論完全不同，它是一種全新的理論。以往的演化論都認為，基因突變是隨機的，並沒有任何方向性，這已是生物學界的共識，然而，該理論的出現完全顛覆了以往的理論。

在使用只含有乳糖的瓊脂培養基培養，不會分解乳糖的大腸菌時，由於沒有食物的來源，大腸桿菌並無法進行繁殖，但是由於發生突變，有些大腸桿菌卻變得可以分解乳糖，並開始大量繁殖。

在這裏我們可以看出，此實驗中所發生的突變，有可能是因為在僅含有乳糖的培養基上培養了大腸桿菌才發生的。也就是說，由於有了乳糖，所以細菌向可以分解乳糖的方向變化，這也就是具有一定方向性的基因突變。

（二）隱性基因實驗的證實

根據此實驗，一些科學家認為，沒有牙齒的鳥類也具有可以製造牙釉質的基因，

而植物中也隱藏著可以製造血紅蛋白的基因，當有需要時，這些基因會被啟動並使生物具有一種必要的功能。

運用大腸桿菌實驗來加以說明的話，就是細菌中可分解乳糖的基因被有效地啟動了。

凱恩斯和赫爾在闡述了突變的隨機性基礎上，進一步地提出，只要弄清楚資訊如何從蛋白質傳遞給基因，則生物就可以接收或拒絕突變，從而實現「演化方向的選擇」。

小博士解說

基因是帶有遺傳資訊的 DNA 或者 RNA 序列，但是科學家們研究發現，有一些隱性的基因具有突變的特質，正是這些基因的緣故而引發了演化。

隱性基因說

以往演化論中突變的特色

以往演化論都認為基因突變是隨機性的,並有任何方向性。

突變　　　　　　　　　　突變

隱性基因說的特色

培養基中產生了大量的可以分解乳糖的大腸桿菌

大腸桿菌

凱因斯與赫爾

生物就可以接收或拒絕突變

科學家透過研究證實,生物中所隱藏的基因,在需要時會被啟動,並使生物具有一種必要的功能。

沒有牙齒的鳥類也具有一種可以製造牙釉質的基因

而植物中也隱藏著一種可以製造血紅蛋白的基因

9-12 新演化論的其他觀點（一）

（一）基因的穩定性

各種演化論之間互相爭論，其中的焦點問題就是基因穩定性問題。對於生物演化而言，基因的變化是必需的。從稻穀種子可以長出稻穀，我們就可以看出，魚卵會孵出小魚，基因是相當穩定的。但是，基因的此種穩定性又與現存的生物的演化理論相互矛盾。

事實上，達爾文的演化論曾經被遺傳定律所否定，但由於發現了基因突變，因此得到了證實。

而突變所引起的變化，對於生物而言並不是無關緊要的。例如果蠅的身體突然變黑，翅膀突然萎縮等突變，對於它們來說，並不是所有的變化都是有利的。但是，果蠅突變為另外一種動物的事情是不可能發生的。

（二）穩定突變的主體

最近，人們發現了一種比突變穩定性高很多的基因變化。

此種穩定發生突變的基因被稱為質體，它可以從一個細胞進入另外一個細胞，並入侵到基因之中。質體可以產生抗藥性和毒素。由於它可以入侵其他細胞，因此被入侵的細胞也將具有此種功能。

它與 DNA 的某一個鹼基發生變化而引起的突變並不相同，質體可以真正地改變基因。由於質體可以在保持穩定性的同時，改變生物的基因，因此有可能可以解決基因的穩定性與演化之間的矛盾問題。

小博士解說

在演化論中有很多有趣的觀點，例如基因的穩定性，有關質體存在的假設，演化的單位為個體還是物種，都是值得進一步研究的課題。

基因的穩定性

基因是相當穩定的

以往演化論都認為基因突變是隨機性的,並沒有任何方向性。

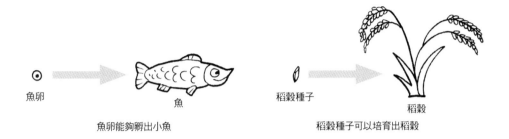

魚卵　　　　　　　　　　　魚

魚卵能夠孵出小魚

稻穀種子　　　　　　　　稻穀

稻穀種子可以培育出稻穀

基因發生突變

並不是所有的突變對於生物都是有利的

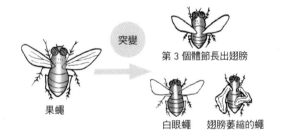

突變

第 3 個體節長出翅膀

果蠅

白眼蠅　　翅膀萎縮的蠅

質體

質體是與細胞各種生理活動有關的細胞器的總稱,具有穩定的突變性。

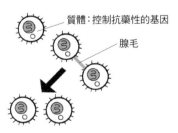

質體:控制抗藥性的基因

腺毛

在質體分裂之後,透過腺毛移動到其
他細胞之中,它可以在確保穩定性的同
時,從而改變基因。

9-13 新演化論的其他觀點（二）

（三）演化的單位

在天體運動法則中，太陽、星星和地球是由什麼所構成的並不十分重要，太陽、星星和地球已經是基本的單位。

為了闡明自然的現象，需要確定相應的單位。在解讀演化的現象時，也需要確定基本的單位。在演化論中，有將個體當做單位的，也有將物種當做單位的。在探討演化的問題時，最重要的是「物種「的概念。

達爾文在「物種起源論」中寫道，生物變化所產生的變種，在自然淘汰的運作下，發展為新的物種。

但是，生物經過多大程度的變化，才會產生出新的物種呢？此問題在他的書中隻字未提。分類學的創始人，18 世紀的植物學家林奈（Carl Linnaeus），根據性狀的不同來劃分生物的種類。

此後，人們一直使用此種方法，根據性狀的差異來劃分物種。現在，人們普遍認為，物種是指可以進行交配來繁殖後代的生物族群，但是很多專家的意見還存在相當程度的分歧。

（四）個體演化還是物種演化

達爾文演化論認為演化的單位為個體，因此他花費了大量的精力來解讀個體的變化是如何擴大到物種變化。

而與此相反，現代一些演化論稱「物種在該發生變化的時候就會發生變化」，它認為演化的單位並不是個體而是物種。而道金斯的自私基因學說認為遺傳基因 DNA 才是演化的單位。

在研究演化論時，確定什麼是演化的單位，究竟是生物個體在演化，還是物種在演化，這也是一個相當關鍵性的重要問題。

小博士 解說

為了闡明自然的現象，需要確定相應的單位。

在解讀演化的現象時，也需要確定基本的單位。在演化論中，有將個體當做單位的，也有將物種當做單位的。在研究演化論時，確定什麼是演化的單位，究竟是生物個體在演化，還是物種在演化，這也是一個相當關鍵性的重要問題。

演化的單位

究竟什麼是演化的單位,到底是生物個體在演化,還是物種在演化,這是一個相當關鍵性的重要問題。。

演化的單位是生物個體

由於自然淘汰的運作,從變種發展為新的物種。

演化的單位是物種

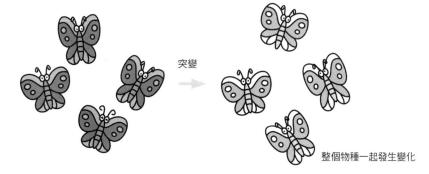

演化的單位是基因

自私基因 DNA 為演化的單位

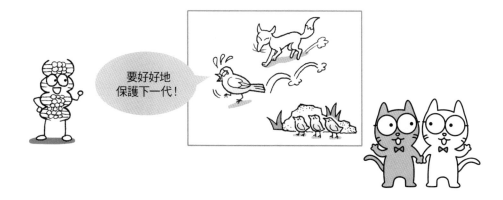

9-14 新演化論的其他觀點（三）

（五）目的論與機械論的矛盾

在演化論的爭論之中，有一個爭論是不可不提的，即為目的論與機械論的矛盾。

目的論認為，生物具有主體性，之所以發生演化是具有一定目的。而與此相反，機械論認為生物並沒有主體性，演化完全是由於偶然而發生的。如果進一步展開此種爭論的話，就是說演化的關鍵是生物還是環境。

身為生物演化的關鍵，拉馬克非常重視「內部感覺」，他認為生物是根據內部感覺來形成新的器官。

與拉馬克的此種目的論所不同的是，達爾文演化論將適者生存這一自然淘汰的概念作為自己觀點的基礎，從而成功地把目的論束之高閣。

關於達爾文的自然淘汰說，美國遺傳學家李萬廷（R. C. Lewontin）列舉了一個範例，印度犀牛只有一隻角，而非洲的黑犀牛卻有兩隻角，他認為，討論此兩種情況，到底哪一個更適應環境是毫無意義的。

（六）病毒演化說的觀點

病毒演化說也加入了此種爭論之中，病毒演化說擁有自己獨特的觀點，他們主張生物是透過感染病毒而發生演化的。

基因並不是垂直地從母體傳遞給子體，而是透過病毒，在不同物種之間水平傳遞。無論病毒演化說的觀點是否與拉馬克索主張的觀點一致，主張演化的關鍵是環境，而生物完全沒有主體性的機械論，必須重新思考自己的理論正確與否。

小博士 解 說

在演化論的爭論之中，有一個爭論是不可不提的，即為目的論與機械論的矛盾。

目的論認為，生物具有主體性，之所以發生演化是具有一定目的。

而與此相反，機械論認為生物並沒有主體性，演化完全是由於偶然而發生的。

病毒演化說也加入了此種爭論之中，病毒演化說擁有自己獨特的觀點，他們主張生物是透過感染病毒而發生演化的。

目的論與機械論

目的論

目的論為拉馬克所提出，他認為，生物具有主體性，之所以發生演化是具有一定目的。

生物具有主體性，演化具有一定的目的性。

退化

鴕鳥不會飛，所以翅膀逐漸退化。

機械論

機械論為達爾文的主要觀點，他認為生物並沒有主體性，演化完全是由於偶然而發生的。

隨機重複發生之後，產生演化。

突變

生物並沒有主體性，演化是隨機發生的。

病毒演化說

美國遺傳學家李萬廷（R. C. Lewontin）認為，印度犀牛只有一隻角，而非洲的黑犀牛卻有兩隻角，他認為，討論此兩種情況，到底哪一個更適應環境是毫無意義的。

黑犀牛（有兩隻角）　　　　　印度犀牛（只有一隻角）

9-15 新演化論的其他觀點（四）

（七）演化為隨機性還是必然性

演化到底是具有一定方向性的必然結果，還是僅僅是隨機性的產物，此問題在很久以前就是人們爭論的焦點。以自然淘汰論為基礎器的達爾文認為，演化並沒有一定的方向性，而是僅僅受到隨機性偶然因素的支配，因此他把演化歸諸於自然科學的現象。

如果能夠適應環境以及在生存競爭中存活，就被稱為適應。雌性姬蜂具有很長的輸卵管，可以把卵產到芋蟲的體內。在芋蟲體內所孵化的姬蜂幼蟲會捕食芋蟲，這是一種令人震驚的舉動。

幼蟲在出生之後，以芋蟲的脂肪和結締組織為食物。如果將姬蜂的行為看作是最適應環境的行為的話，那麼我們只能認為，演化僅僅是隨機性的累積而產生的。

觀察一下各種演化論就會發現，在解讀演化問題時，出現了一種認為部分是隨機性，部分是必然性的整合性理論。

既然僅僅依靠某一方的觀點並無法解讀演化的問題，則隨機性和必然性之間的爭論，在今後也將繼續存在。

（八）聚焦於獲得性狀的爭論

生物演化是否具有主動性，還是只能一味被動地加以承受，此與獲得性狀的遺傳一起，在很久以前就引起了很大的爭論。

獲得性狀的遺傳是指某一個個體後天所獲得的性狀遺傳給後代的現象。獲得性狀的遺傳是達爾文演化論和拉馬克演化論最激烈的矛盾。

時至今日，仍然沒有科學家能夠運用科學的方法來徹底否定獲得性狀的遺傳。

泰明研究了逆轉錄酶病毒之後認為，獲得性狀的遺傳並沒有任何支持的證據，逆逆轉錄酶病毒有可能成為獲得性狀的遺傳的工具。

不管如何，生物具有主動性，還是並沒有主動性而只能被動地接受，此問題直到如今也還是沒有任何答案的迷團。

小博士 解說

觀察一下各種演化論就會發現，在解讀演化問題時，出現了一種認為部分是隨機性，部分是必然性的整合性理論。

既然僅僅依靠某一方的觀點並無法解讀演化的問題，則隨機性和必然性之間的爭論，在今後也將繼續存在。

不管如何，生物具有主動性，還是並沒有主動性而只能被動地接受，此問題直到如今也還是沒有任何答案的謎團。

關於演化論的爭論

隨機性還是必然性

在解讀演化問題時，出現了一種認為部分是隨機性，部分是必然性的整合性理論。既然僅僅依靠某一方的觀點並無法解釋演化的問題。

突變

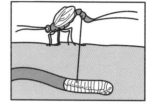

突變的隨機性反覆發生會促使生物演化 ⟶ 無法用隨機性來解讀的例子，雌性姬蜂具有很長的輸卵管，可以把卵產到芋蟲的體內。

此種行為無法用達爾文演化論來加以解讀，所以並不能認為演化僅僅是由於突變的累積而發生的。

獲得性狀的遺傳

生物具有主動性，還是並沒有主動性而只能被動地接受，此問題直到如今也還是沒有任何答案的迷團。

拉馬克認為，獲得性狀是可以遺傳的，脖子變長的長頸鹿，其後代的脖子也很長，此為由於獲得性狀的遺傳。

威斯曼認為，獲得性狀並不可以遺傳。若獲得性狀可以遺傳，如果將老鼠的尾巴剪短，則老鼠後代的尾巴也應該很短，但是，老鼠後代的尾巴卻都很長。

獲得性狀並不可以遺傳。但是，在實驗中，將老鼠的尾巴剪短，並不符合獲得性狀，故此實驗並不成立。

9-16 新演化論的其他觀點（五）

（九）生存競爭與演化的關係

達爾文演化論認為，所有的生物為了生存下去，都需要進行生存競爭，只有勝利者才能繁殖後代。

生存競爭分為物種內競爭和物種間競爭。物種內競爭是指一個物種各個個體之間的競爭，物種間的競爭是指不同物種各個個體之間的競爭。

香魚有圈地的行為，當其他香魚入侵自己的勢力範圍時，香魚會全力保護自己的領地。另外，獅子和斑馬之間也有捕食和被捕食的生存競爭關係。

香魚的圈地行為是物種內的競爭，而獅子和斑馬的生存競爭則是種族之間的競爭。

達爾文演化論所說的生存競爭，並不僅僅是為了生存而進行的競爭，而且逐包括與環境的競爭，以及為了繁殖後代而進行的競爭。

在此理論誕生之初，由於比較聚焦於生物個體為了繁殖後代而進行的競爭，因此達爾文的生存競爭被認為更接近於物種內部的競爭。

（十） 演化的連續性

以往的演化論都是以自然界為連續的為基礎。

在歐洲，人們認為自然界中有因必有果，某一結果將成為新的原因，並引發出新的結果。此被稱為連續的因果關係，而探討此種因果關係中所隱藏的法則，就是研究自然科學的目的。在達爾文運用因果關係對演化論加以闡明之後，演化論才被列入了自然科學的範疇之內。

達爾文演化論將自然界視為一個連續的流程，此點從演化系統樹就可以看出。從這個系統樹一眼就可以看出，很久以前到現在的演化流程，非常一目瞭然。系統樹記錄了演化的流程，對於演化而言，最重要的是要探討新物種是以何種機制而產生的。

小博士 解說

達爾文演化論所說的生存競爭，並不僅僅是為了生存而進行的競爭，而且逐包括與環境的競爭，以及為了繁殖後代而進行的競爭。

在此理論誕生之初，由於比較聚焦於生物個體為了繁殖後代而進行的競爭，因此達爾文的生存競爭被認為更接近於物種內部的競爭。

達爾文演化論將自然界視為一個連續的流程，此點從演化系統樹就可以看出。從這個系統樹一眼就可以看出，很久以前到現在的演化流程，非常一目瞭然。

系統樹記錄了演化的流程，對於演化而言，最重要的是要探討新物種是以何種機制而產生的。

競爭與演化的關係

生物的競爭

達爾文演化論所說的生存競爭，並不僅僅是為了生存而進行的競爭，而且逐包括與環境的競爭，以及為了繁殖後代而進行的競爭。

物種之間的競爭

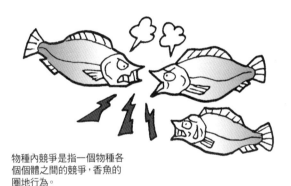

物種內競爭是指一個物種各
個個體之間的競爭，香魚的
圈地行為。

不同物種各個個體之間的競爭

+ 知識補充站

　　動物界的歷史，即為動物起源、分化與演化的漫長歷程。它是一個從單細胞到多細胞，從無脊椎到有脊椎，從低等到高等，從簡單到複雜的流程。

　　邁爾在歸納現代綜合演化論的特色時指出，它徹底否定了獲得性的遺傳，並強調演化的漸進性，他認為演化現象是族群現象並重新肯定了天擇的重要性。現代綜合演化論繼承與發展了達爾文學說，能夠較好地解釋各種演化的現象，所以在半個多世紀以來，在演化論方面一直居於主流的地位。

　　現代綜合演化論認為生物演化是在族群中實現的，新物種的形成有三個階段：即由突變到選擇，再到隔離共三個階段，由於地理的阻隔，天擇的運作下，型態、習性與結構會進一步分化，即產生生殖隔離，進而形成新的物種，物種的形成除了有漸進性物種形成之外，還有爆炸式物種形成，而爆炸式物種形成往往是染色體畸變所造成的。

白氏斑馬：此種動物的另一個名稱是「山中斑馬」，與非洲的其他斑馬相比較，牠身上的條紋稍有變化，並不像其他斑馬那樣單調而千篇一律。

第10章
21世紀的演化論

在進入 21 世紀之際，DNA 技術獲得了進一步的進展，科學家完成了「人類基因組計劃」，人們可以重組 DNA，運用基因療法來治療疾病，並且進一步地證實了人類的起源。

10-1 分子生物學

（一）生物學的發展

在 1930 年代後期，科學家們研究得知基因是一種特殊的分子。在 1940 年代，科學家已經知道了染色體是由兩種化學成分所組成，即 DNA 和蛋白質，而在 1950 年代，一系列的發現使得科學家確信 DNA 就是遺傳物質。

DNA 的發現，使得人們可以從分子層面，對遺傳現象加以研究，這也給生物學的發展帶來了巨大的影響。隨後，分子生物學與其他學科一樣獲得了巨大的成就。

（二）分子生物學

分子生物學是將生命現象當作是化學物質現象來加以研究的學科。人類和其他生物都是由化學物質所組成的，例如，人類的肌肉是由蛋白質等所構成的。而蛋白質是由氨基酸所構成的，而構成氨基酸的物質則是碳、氫和氧，這些化學物質，我們在國中和高中時期的化學課上都學過。

生物就是由這些看起來似乎跟我們毫無關係的化學物質所構成的。而且生物的行為和生命現象等也都跟化學物質有密切的關係，例如，生物體內會分泌一種物質稱為激素，當一個體進入了青春期之後，男性的身體會出現男性的性狀，而女性的身體會出現女性的性狀，這就是受性激素所決定的。而激素物質也是由化學物質所構成的。

亦即，從微觀的角度而言，生命現象就是各種化學物質互動的結果，而分子生物學就是從分子的層面來探討這些生命現象。在 20 世紀後半期，在很多學者的共同努力下，很多生命的未解之謎都得到了解答。

小博士解說

在1953年，華生和克里克發現了DNA雙股螺旋結構（Double Helix Structure），奠定了現代分子生物學的基礎，從而給整個生物學乃至整個人類社會帶來了一場革命。從那年之後，越來越多的科學家投身於分子生物學研究領域，並取得了許多重大的進展。

1973年，美國史丹佛大學的史坦利·柯漢（Stanley Cohen）教授和美國加州大學舊金山分校的赫伯特·波以耳（Herber Boyer）教授共同完成了一項著名的實驗。他們選用了一個僅含有單一EcoRI位點的質體載體pSC101，並用EcoRI將其切為線性分子，然後將該線性分子與同樣具有EcoRI黏性末端的另一質體DNA片段和DNA連接酶混合，從而獲得了具有兩個複製起始位點的新的DNA組合。這是人類歷史上第一次有目的的基因重組的嘗試。雖然這兩位科學家在這次實驗中沒有涉及到任何有用的基因，但是他們還是敏感地意識到了這一實驗的重大意義，並據此提出了「基因複製」的策略。

此一策略一經過提出，世界各國的生物學家們，立刻就敏感地認識到了這種對DNA進行重組的技術和基因複製策略的重大功能和深遠意義。於是在很短的時間內研究人員就開發出了大量行之有效的分離、鑑定複製基因的方法；NA重組技術使得生物技術流程中，生物轉化的最佳化流程，變得更為有效，而且它所提供的方法不僅可以分離到那些高產量的微生物菌株，還可以人工製造高產量的菌株、原核生物細胞和真核細胞，都可以作為生物工廠來生產胰島素、干擾素、生長激素、病毒抗原等大量的外源蛋白；DNA重組技術還可以簡化許多有用化合物和大分子的生產流程。植物和動物也可以作為天然的生物反應器，用來生產新的或者改造過的基因產物；另外，它相當大地簡化了新藥的開發和檢測系統。

分子生物學

研究生物大分子的分子生物學

人類和其他生物都是由化學物質所組成的,分子生物學是將生命現象當作是化學物質現象來加以研究的學科。

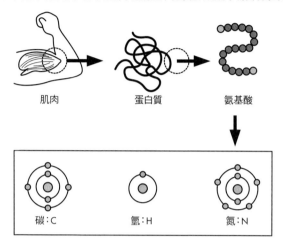

肌肉　　　　蛋白質　　　　氨基酸

碳:C　　　　氫:H　　　　氮:N

激素的影響

激素影響著生物的行為與各種生命現象,它透過影響組織細胞的代謝活動來影響生物體的生理活動。

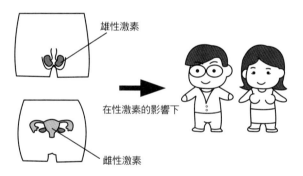

雄性激素

在性激素的影響下

雌性激素

性激素物質也是由化學物質所構成的,當一個體進入了青春期之後,
男性的身體會出現男性的性狀,而女性的身體會出現女性的性狀。

✚ 知識補充站

　　分子生物學是在分子層面上,研究生命現象的科學。研究生物大分子(核酸、蛋白質)的結構、功能與生物合成等層面,來闡述各種生命現象的本質

　　激素:激素的英文名稱為 Hormone,音譯為荷爾蒙,其希臘文原意為「啟動活動」的意思。它對身體的代謝、生長、發育與繁殖等發揮了重要的調節功能。激素為高度分化的內分泌細胞合成,並直接分泌進入血液的化學資訊物質,它會調節各種組織細胞的代謝活動來影響生物體的生理活動。

10-2 分子生物學的影響

（一）從分子層面來分析遺傳的現象

分子生物學的研究成果，使得人們可以從分子層面對遺傳的現象加以研究，而且也可以對演化論的發展產生了鉅大的影響。中立演化論就是一個相當很好的例子，從分子層面來研究突變的現象，也就是要研究遺傳基因 DNA 鹼基排序的變化。

此種變化可能會出乎人們的意料之外，而且它可能對生物性狀的變化並沒有什麼重大的影響（氨基酸並不發生變化），透過這些實證的事實，科學家提出了中立突變的概念，使得科學家們對生物演化的研究又邁進了一大步。

（二）分子生物學所帶來的影響

分子生物學對於解開演化論和生物演化流程中的各種謎團，發揮了重大的功能。在最近幾年之中，分子生物學相當程度地促進了基因解析技術的發展。

基因是生物的設計藍圖，它是以 DNA 的鹼基排序，不同的鹼基排列順序構成了了生物獨特的特色，它的分子基礎為不同功能的蛋白質。

根據此一藍圖，氨基酸組成了蛋白質。因此，只要破解了此張基因密碼，人們就可以破解生物性狀、身體構造，有時甚至是生物行為中的各種謎團。正因為如此，運用基因分析來擷取生物設計圖的研究也開始盛行。當然在目前的階段，即使有此種的解密設計圖，人們也不可能以人工的方式來製作出生物。不過，只要有了解密的設計圖，也許人類就能找到揭露各種謎團的訣竅了。

小博士 解說

科學家對分子的觀察與研究，發現了基因是由 DNA 所組成的，並且運用基因分析來擷取生物設計圖，只要破解了此張基因密碼，人們就可以破解生物性狀、身體構造，有時甚至是生物行為中的各種謎團。

DNA 重組技術在很大程度上得益於分子生物學、細菌遺傳學和核酸酶學等領域的發展；反過來 DNA 重組技術的逐步成熟和發展對生命科學的許多其他領域都產生了革命性的影響，這些領域包括生物行為學、發育生物學、分子進化、細胞生物學和遺傳學等，從而使得生命科學日新月異，其進展一日千里，成為 20 世紀以來發展最快的學科之一。

而受到 DNA 重組技術的影響最為深刻的生物技術領域，迅速完成了從傳統生物技術向現代生物技術的飛躍轉變，從原來的一項鮮為人知的傳統產業，一躍而成為代表著 21 世紀的發展方向、具有遠大發展前景的新興學科和產業。

遺傳基因的中立演化

DNA 的三種表示法

DNA 的立體模型，雙股螺旋結構中含有鹼基。

此種表示法著重於顯示化學的細節。

此為 DNA 雙股螺旋的電腦圖形，每一個原子均為球型，全圖為 3D 空間填充模型。

遺傳基因的突變

鹼基排序對生物性狀並沒有重大的影響，運用此一實證的事實，科學家提出了中立突變的概念。

DNA 鹼基

突變

所發生的變化出乎意料之外

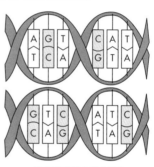

鹼基排列順序發生變化

基因解密

現在的科學家運用基因分析來擷取生物設計圖，只要有了解密的設計圖，也許人類就能找到揭露各種謎團的訣竅了。

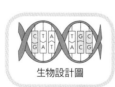

生物設計圖

依據設計圖

胺基酸構成蛋白質

胺基酸

蛋白質

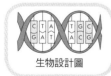

生物設計圖

分析

生物性狀、身體構造與行為的各種謎團

可以解開各種謎團

10-3 分子生物學與基因

（一）DNA 與 RNA

DNA 和 RNA 都是核酸，它由核苷酸單位所組成的長鏈。組成 DNA 共有四種核苷酸，縮寫為 A、C、T 和 G，在 DNA 中四個核苷酸的不同，只是含氮鹼基的差異，鹼基分為嘌呤和嘧啶兩大類，有腺嘌呤（A）、胸腺嘧啶（T）、鳥嘌呤（G）和胞嘧啶（C）四種。

RNA 為核糖核酸，顧名思義，糖基是核糖而不是去氧核糖，它和 DNA 的區別是含有尿嘧啶而沒有胸腺嘧啶，除此之外，DNA 鏈和 RNA 鏈完全一致。

（二）基因解析

所謂基因解析，是指確定長線狀的 DNA 的鹼基排序。鹼基的排序菲常重要，它會影響到生物的特色和性狀。由於基因並無法運用肉眼來加以觀察，因此在解析的時候，就必須使用一些科學方法來加以處理。日前所使用的方法主要是雙重去氧末端終止法，使用一種叫做去氧核苷酸的物質將 DNA 分解為幾段，然後分析其結構。現在運用機器，人們可以快速而準確地確認鹼基的定序。

隨著基因解析技術的發展，現在人們已經對一些細菌、植物和動物的基因加以解析。

在 1978 年，人類開始對病毒和細菌加以解析，在 1988 年開始對多細胞生物：一種稱為秀麗隱桿線蟲（*Caenorhabditis Elegans*）的線蟲，體長約為 1 毫米的線形動物加以解析，在 2002 年開始對哺乳類（老鼠）加以解析。

人類基因組工程，就是一個對人類基因加以解析的專案。探討特定的基因位於什麼位置，探討人類 DNA 鹼基的排序，探討鹼基的哪一部分是遺傳基因，具有什麼功能。

此計劃已於 2004 年完成，人類基因的鹼基排序也得到了確認。

小博士解說

科學家從分子層級的角度來研究基因，對基因做實際的分析，將基因圖譜加以排序，為揭露演化之謎團提供有力的線索。

基因解析

DNA 的核苷酸結構

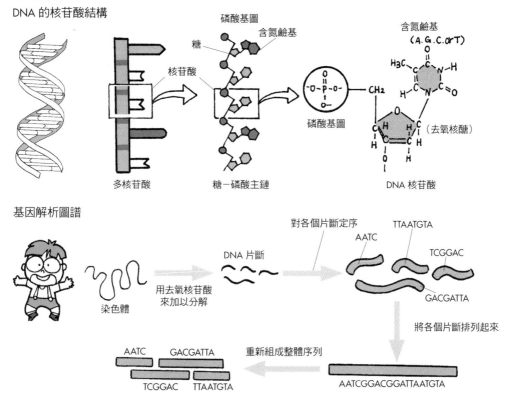

多核苷酸　　　糖－磷酸主鏈　　　DNA 核苷酸

磷酸基圖
含氮鹼基
糖
核苷酸
磷酸基圖
含氮鹼基 (A.G.C.or T)
（去氧核醣）

基因解析圖譜

染色體　→　用去氧核苷酸來加以分解　→　DNA 片斷　→　對各個片斷定序

AATC　TTAATGTA　TCGGAC　GACGATTA

將各個片斷排列起來

AATCGGACGGATTAATGTA

重新組成整體序列

AATC　GACGATTA
TCGGAC　TTAATGTA

在 2000 年，由各國政府所資助的研究人員，啟動了人類基因組計劃，在人類基因組中，共有 24 條不同的染色體，其中約有 3.2 億個 DNA 核苷酸與三萬至四萬個基因，要將這些基因圖譜解密，是一項龐大的系統工程。

已完成定序的基因

生物	完成日期	基因組大小（以鹼基對來計算）	大致的基因數目
流感嗜血菌	1995 年	1,800 萬	1,700
啤酒酵母	1996 年	1,200 萬	6,000
大腸桿菌	1997 年	460 萬	4,400
秀麗新小桿線蟲	1998 年	9,700 萬	19,100
黑腹果蠅	2000 年	1 億 8,000 萬	13,600
擬南芥	2000 年	1 億	25,000
人類	2001 年	3.2 兆	30,000-40,000
老鼠	2001 年	3 兆	35,000
水稻	2002年	1,800萬	46,000-56,000

10-4 運用分子時鐘來推斷分化的時代

（一）分子所揭露的演化流程

前面介紹了分子生物學所取得的進步，使我們對於生物演化流程中的很多現象有所瞭解。其中比較有代表性的例子就是分子時鐘。它也被稱做分子演化時鐘，它是一個推斷生物在演化流程中，如何與其他物種發生分化的指標。

生物學家認為基因的結構，根據各物種的演化關係而有所不同。到目前為止，人們使用化石來推斷生物的演化流程。人們運用化石的對比，分析骨骼的變化，再加上化石的年代來加以推斷。但是此種方法，對於化石年代的判斷本身就存在問題。

化石的年代是根據所出土的地質層來加以判斷的，因此無論如何總會有誤差。而且在化石只殘留了一部分的情況下，人們就無法推斷演化的流程了。

（二）對排序的探討

正因為如此，人們才使用分子生物學的方法來探討氨基酸排序的不同之處。人類和哺乳動物等血液中的血紅蛋白上有一個 Alpha 鎖鏈。

此部分是由氨基酸所構成的，但即使它的排列順序發生變化，也不會對血紅蛋白的功能產生影響。因此，人們對於各種動物的血紅蛋白的 Alpha 鎖鏈之氨基酸排序加以研究，結果發現，氨基酸的排序差異越小，則這些物種之間親緣關係越近。

例如，人類和大猩猩之間只有一個不同，人和狗有 23 個不同，人和鯉魚有 68 個不同，運用對此種基因排序差異的研究，人類又揭露了演化流程中的一個謎題。

小博士解說

「分子演化時鐘」可以記錄某一段時程之生物演化流程，這些分子資料也顯示了各種不同的有機體，在演化流程中的關係。

分子時鐘

推斷年代的方法

到目前為止，人們使用化石來推斷生物的演化流程。人們運用化石的對比，分析骨骼的變化，再加上化石的年代來加以推斷。

年代？   骨骼？

然而此種方法容易產生時間差，當化石只殘留了一部分時，該方法並不適用。

運用基因解析來加以推斷

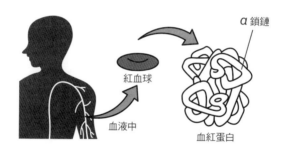

α 鎖鏈

紅血球

血液中

血紅蛋白

可以運用 Alpha 鎖鏈排序的不同來推斷演化的流程

人類與動物排序的差異

人類與各種動物氨基酸的排序差異越小，則這些物種之間親緣關係越近。

68 個不同之處

23 個不同之處

1 個不同之處

人類   大猩猩   狗   魚

運用氨基酸的排序差異來推斷親緣關係

10-5 分子時鐘上的標記

（一）可以判定分化的年代

運用化石來做的分化年代判定和運用氨基酸排序所做的判定，所得到的結果是一致的。因此，人類可以利用分子時鐘來判定物種發生分化的時間。

通俗地說，各種動物氨基酸排序的不同是由突變所產生的。如果此種突變與時間成正比，則運用對比一個物種和其他物種氨基酸排序的差異，就可以判定這兩物種發生分化的年代了。

如此一來，即使是那些沒有化石資料存在的物種，也可以判定它們發生分化的時間。

另外，到現在為止，運用化石資料所推斷出來的分化時間，也有可能被大量修改。

達爾文演化論最大膽的假設即為，所有的生命型式在相當程度上都是相關的，都是從最古老的生物體分支演化而來的，關於此點，從人和猴子的親緣關係上就可以看出來。

（二）其他判定分化的妙方

現在，不只是血紅蛋白，人們還可以運用胰島素等體內化學物質中，氨基酸排序的不同，來判定物種發生分化的年代。

除此之外，人們還在研究各種方法來判斷生物的分化，除了氨基酸排序之外，還可以利用基因來判定不同物種之間的差異大小和分化年代。例如，運用對 DNA 遇熱穩定性的研究，可以判定物種分化的年代。

另外，對各種生物的粒線體 DNA 加以解析，運用鹼基排序的不同也可以製作分子時鐘。

由於粒線體鹼基排列組合數量較少，發生變化的機率也已經加以確定，因此在判定物種分化年代的時候相當有用。

小博士 解說

科學家研究發現，人和猴子無論是根據化石的判定，還是在分子時鐘上所標記的距離，都充分解釋了人和猴子的親緣關係。

分子時鐘與親緣關係

運用氨基酸排序來確定生物的分化關係

可以運用氨基酸排序的不同來判定物種分化的年代。即使是那些沒有化石資料的物種之間,也可以判定它們發生分化的時間。

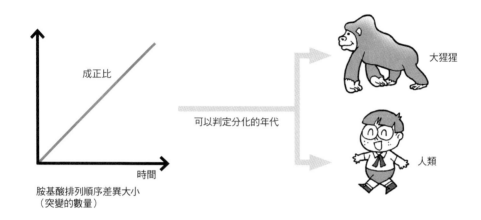

成正比

時間

胺基酸排列順序差異大小
(突變的數量)

可以判定分化的年代

大猩猩

人類

各種分子時鐘

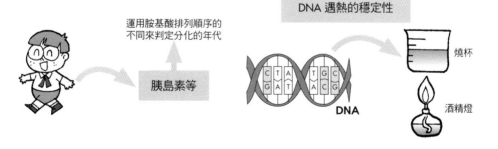

運用胺基酸排列順序的
不同來判定分化的年代

胰島素等

DNA 遇熱的穩定性

CTA
GAT

TGC
ACG

DNA

燒杯

酒精燈

10-6 人類與猿猴的異同之處（一）

（一）人類與猿猴之間的關係

運用分子之間的差異來製作分子時鐘，對演化的流程加以研究，所得到的結果顛覆了人類目前的常識。對這層面的研究，最有代表性的例子就是猿與人的關係。

演化論認為「人是從猴子演化而來的」，因此會產生一些類似於「動物園的猴子什麼時候會變為人？」的笑話。

在實際上，目前的猿猴是不可能演化為人類的。猿猴和人類曾經有過共同的祖先，隨後發生分化，其中一些演化為猿猴，另一些演化為人類。而兩者共同的祖先則已經完全滅絕。

在分化的年代，由於分子時鐘的出現而發生了相當大幅度的變化。而到目前為止，運用化石等方法所獲知的人與猿之間的關係中，也有很多地方需要重新加以研究。

（二）類人猿與人類

與我們親緣最近的脊椎動物是類人猿：長臂猿、猩猩、大猩猩和非洲黑猩猩。為了能夠深入淺出地解釋此問題，我們先對後者加以介紹。

人類屬於猿猴類的類人猿。而除此之外的黑猩猩、大猩猩、猩捏等身為大型類人猿，形成一種族群。而身為小型類人猿，還存在長臂猿等所形成的族群。然而，運用基因解析方法發現，大型類人猿屬於人科，而小型類人猿則屬於長臂猿科。

我們之所以作出此種判斷，是因為由於人類和黑猩猩基因解析的發展，人們現，人類和其他大型類人猿之間的差異並非很大。

小博士|解||說|

人類為脊椎動物分支上的一個非常新的小分支，為生命之樹上眾多分支之一。在漫長的歷史長河中，人類與類人猿與所有的動物都有共同的祖先。

人類與猿猴之間的關係

人類與靈長類的分化

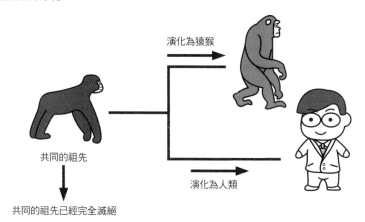

共同的祖先

共同的祖先已經完全滅絕

演化為猿猴

演化為人類

人類與猿猴的分類

人們發現，人類與大型類人猿之間並沒有很大的差異，它們皆屬於靈長目，都有共同的祖先。

人類　　　　　　大型靈長類　　　　　小型類人猿

黑猩猩

大猩猩

猩猩

長臂猿及其同類

人科　　　　　　　　　　　　　　　長臂猿科

10-7 人類與猿猴的異同之處（二）

（三）分化所帶來的差異

那麼這兩種物種之間的差異到底有多大呢？人類和黑猩猩的性狀在表面看來，有很大的差異。而大猩猩和黑猩猩看起來也非常相似，但是它們之間也有很大的差異。

因此，以骨骼等為資料的人類學研究認為，人類和黑猩猩之間的差異非常大，而黑猩猩和大猩猩的關係跟人類與黑猩猩的關係相比要近得多。然而，運用基因解析發現，人類和黑猩猩的關係更為接近，而大猩猩與這兩個物種的關係非常遠。而同屬於類人猿的猩猩比起大猩猩來，與人類和黑猩猩的關係更為疏遠。

基因之間具有的此種相似性，與發生分化的時間有很大的關係。正如基因圖譜所示，類人猿首先分化為長臂猿和人類，而長臂猿又分化為猩猩和大猩猩，而黑猩猩則最後才發生分化。

如果把生命的歷史看做一年，人類和非洲猩猩從同一祖先那裏分化出來，只是剛好在不到 18 小時的位置。

（四）何時發生分化

至於分化的年代，也運用基因解析和分子時鐘的方法得到了判定：參照基因圖譜就可以看到實際的年代。而黑猩猩與人類發生分化的實際時間大概在 400 萬到 500 萬年之前。

此數字顛覆了人類運用骨骼分析所得到的 1,500 萬年之前的結論，因此受到了很多人的批評，但現在已逐漸被人們所接收。

現在，人類和黑猩猩的基因解析都已經完成，從基因解析的結果發現，他們之間基因的差異只有全部基因的 1.2%。

其差異是如此之小，使得人們相當震驚，這也證實了黑猩猩是和人類最具有親緣性的動物。

小博士解說

如果把生命的歷史看做一年，人類和非洲猩猩從同一祖先那裏分化出來，只是剛好在不到 18 小時的位置。

人類和黑猩猩的基因其差異是如此之小，使得人們相當震驚，這也證實了黑猩猩是和人類最具親緣性的動物。

人類與靈長類的分化

人類與靈長類發生分化的年代

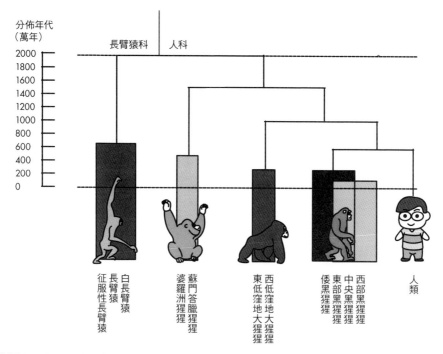

人類和黑猩猩骨骼發育的比較

黑猩猩與人類胎兒的頭骨非常相似，但是骨塊的生長速度不同，使得身體頭部的發育形狀皆不相同。黑猩猩的頭骨有凸出的眉毛與大下頜，成人的頭骨則相當圓，與人類胎兒的輪廓相似。

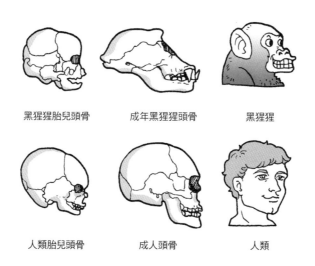

黑猩猩胎兒頭骨　　成年黑猩猩頭骨　　黑猩猩

人類胎兒頭骨　　成人頭骨　　人類

10-8 獨一無二人類的誕生

（一）人類的疑問

在前面的基因圖譜中，我們可以看到一個不可思議的現象，亦即，不管是黑猩猩還是大猩猩都有很多子系，而為什麼人類卻是唯一的呢？人們發現了猿人、古人與新人類等人類祖先的化石，這些人類的祖先和現在的人類到底有什麼關係呢？

（二）人類的演化

黑猩猩的祖先和人類的祖先分化是在 400 萬到 500 萬年之前，在此後的歷史長河中，黑猩猩產生了很多子系。

而人類以非洲為中心，逐漸分化為南方古猿（*Australopithecus*）和東非人（*Zinjanthropus*）。這並不是分子生物學的判斷，而是根據化石等所作出的判斷。

在 250 萬年前，人腦變大，直立人將活動範圍，從非洲擴大到其他大陸。在 60 萬年前，又分化出了尼安德魯人。這是從尼安德魯人的基因中萃取了粒線體基因之後，加以解析所得到的結果。

據此科學家認為，其中一個分支是尼安德魯人，一直生存到三萬年前。另一個分支即為智人，為現代人類的祖先。

按照多地區假說，現代人是以古代的智人在幾個地方同時演化出來的。然而，這些已經消失，只能發掘到化石的直立人為什麼會滅絕了呢？此問題目前尚十分不清楚。其他的類人猿一直生活到現代，雖然不如人類先進，但卻也非常繁榮，而這些與人類非常接近的生物為什麼又慘遭淘汰呢？

這些到目前為止都還是一片謎團。

小博士解說

生物基因圖譜證實了人類與猿猴之間的親緣性，但是，為什麼人類是獨一無二的？這些到目前為止都還是一片未解的謎團。

獨一無二的人類

人類的演化

與人類非常接近的生物為什麼又慘遭淘汰呢？

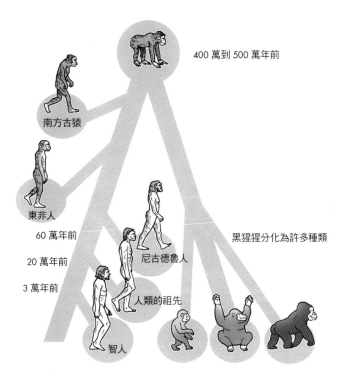

400 萬到 500 萬年前

南方古猿

東非人

60 萬年前

20 萬年前

尼古德魯人

3 萬年前

黑猩猩分化為許多種類

人類的祖先

智人

人類演化時間表

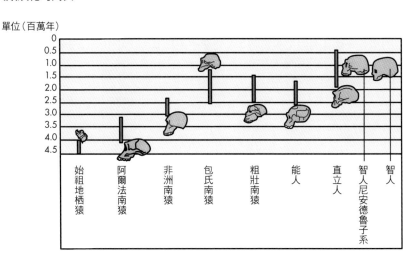

單位（百萬年）

始祖地栖猿　阿爾法南猿　非洲南猿　包氏南猿　粗壯南猿　能人　直立人　智人尼安德魯子系　智人

10-9 同源異形基因

　　人類與黑猩猩、黑猩猩與大猩猩之間似乎總有一些相似之處。由於體形和動作非常相似，所以即使是不知道基因的祖先們也可以推測出它們是屬於同類。那麼昆蟲和人類又如何呢？雙方的性狀差異實在太大了。

　　人有兩隻手，兩隻腳，身體部分是一個肢節，但是昆蟲有 6 隻腳，身體分為很多個肢節。由於這些明顯的差異，一眼就能看出來，所以人們會認為它們的基因差異相當大。

　　此種性狀上的差異是由基因排列的差異所決定的，決定生物性狀的基因稱為同源異型基因。它是生物的主要控制基因，可以調節其他的一系列基因，在胚胎的發育流程中，實際上創造軀體的各個部分的實際結構。如果該基因發生突變，則生物的性狀也會發生變化，例如頭部會長出腳來，或者會不尋常地從身體上長出翅膀等。

　　在同源異型基因中，有一個叫做同源盒基因（Hox）的基因族群，人們對果蠅控制前後身體軸的同源盒基因群，在基因中的位置加以調查；另外，還對脊椎動物老鼠同源異型基因中，控制脊椎的同源盒基因群加以調查，研究結果發現，此兩種生物的基因群，在所有基因中的位置是相當一致的。也就是 ，果蠅身上控制身體軸的基因和老鼠體內控制脊椎的基因起源是相同的。

　　此種相同點顯示了這些同源異型基因，在生命出現的早期，就已經存在了，而且在漫長的歷史長河中，一直沒有任何改變。

　　同源異型基因為生物的主要控制基因，它決定了生物的形態和性狀，同源異型基因引發胚胎的發育，若同源異型基因發生突變，則可能會產生奇異的結果。

　　人類手腳的演化之謎，可能在一種怪魚身上找到解答。外型奇特的匙吻鱘早在 4,200 萬年前就已經複製了所有的基因組，還演化出魚鰭，比其他動物發展出的四肢早了許多。

　　最近生物學家將匙吻鱘 19 個同源基因的染色體串聯進行研究，同源基因主要幫助體型及四肢的演化，當基因發生複製時，可能產生兩種基因，其中一個會發展出原貌，另一個則會變成一個全新的品種。

小博士 解說

　　匙吻鱘因長得像船槳而得名，會以長鼻子探索獵物與尋找生育地點，可長至兩功尺長，重達一百公斤，在 4,200 萬年前就已經存在，被視為最久遠的魚之一。

同源異形基因

相似的同類

生物性狀的差異是由基因排列的差異所決定的,決定生物性狀的基因稱為同源異型基因。

人類

黑猩猩

大猩猩

人類有兩隻手、
兩隻腳

基因並不相同

昆蟲有 6 隻腳

兩種不同動物的同源異型基因

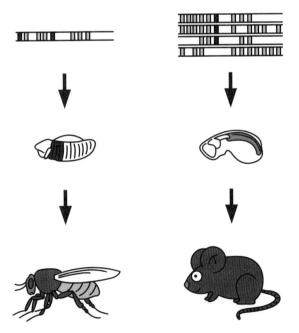

圖中最上方的是果蠅與老鼠的染色體中所攜帶的部分同源異型基因,
其中不同的灰色方塊代表果蠅與老鼠非常相似的部分同源異型基因。

10-10 人類與其他生物皆具有的基因：
　　　 HOX 基因群

（一）HOX 基因群

　　昆蟲的體節分為頭、胸和腹。人類及其他哺乳類生物卻沒有此種結構，而主要具有一根脊椎。此種外觀上的差異，是由位於各自基因上同一位置的基因群所決定的。

　　此種現象意味著昆蟲和哺乳類的起源是相同的。當然，在此之前的演化論運用化石分析等，也得出了相同的結論，它們認為，哺乳類和昆蟲是由同一個祖先發生分化之後逐漸演化而來的。運用對基因的解析，祖先們的此種推測得到了證實。

（二）人類和動物共有的基因群

　　不僅是果蠅和老鼠，其他生物也具有此種決定脊椎的 HOX 基因群。

　　將魚類以及青蛙等兩棲類動物都是如此。現在人們發現，人類也具有此種 HOX 基因群。右頁的插圖對人類和果蠅的 HOX 基因群，以及該基因群所控制的身體的哪一部位加以說明。

　　人類和哺乳類的 HOX 基因群主要有 4 種，每種都在不同的染色體之中。而果蠅只有 1 種，所以在人類和哺乳類的 HOX 基因群中，人類具有果蠅所沒有的部分，它們用來控制手腕和腳等骨骼的排列。

　　運用 HOX 基因群的研究，果蠅與人類擁有共同的基因群與共同的祖先，只是在很久以前發生分化之後，朝向不同的方向演化的事實得到了證實。

小博士 解說

　　HOX 基因群是人類與其他生物所共同具有的，人類與動物在完成發育之後，HOX 基因群有所不同，但是在胚胎時期，促進此部分發育的基因完全相同。

HOX 基因群

HOX 基因群決定脊椎的結構

果蠅與人類擁有共同的基因群並決定脊椎的位置，只是在很久以前發生分化之後，朝向不同的方向演化的事實得到了證實。

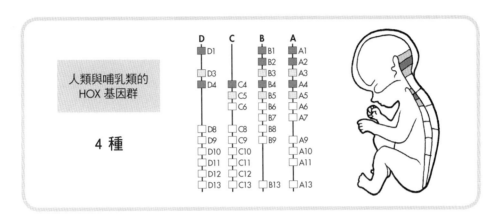

人類與哺乳類的
HOX 基因群

4 種

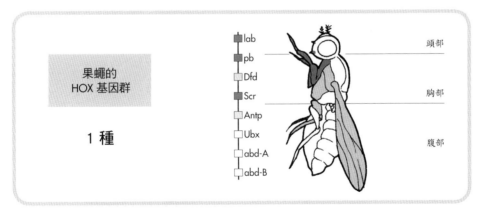

果蠅的
HOX 基因群

1 種

頭部

胸部

腹部

HOX 基因群的影響

由於同源異型基因的突變，左邊的果蠅具有一對額外的翅膀。

10-11 基因的水平移動

（一）基因的水平移動獲得了證實

現在，以人類為主的各種生物基因解析工程正在執行。當然，在基因解析完成之後，所得到的也只是鹼基的排序，還不可能立刻分析出它到底控制生物的哪些性狀。

即使如此，所得到的結果也可以做成資料庫，此對於各種研究有很大的幫助。其中，細菌的基因並不是很多，因此人類已經完成了 200 多種生物的解析。在 1995 年，一種稱為流感嗜血桿菌的細菌基因解析完成。

此後，從引發瘋瘋病的痢菌、結核病毒、霍亂病毒和傷寒病毒等各種病原菌開始，到與製作納豆用的納豆菌同屬一類的枯草菌等，各種細菌的基因解析工程相繼展開。

（二）基因解析工程的發現

運用細菌基因解析方法，人們發現了一種類似於基因水平移動的現象。

細菌繁殖較快，它們的基因變異也很快。因此，即使是同屬一類，也會產生一些基因不相同的後代，並代代遺傳下去。

也就是說，存在一些鹼基排序與以往個體具有相同部分的細菌。當對以前發生分化之後所產生的新個體後代，與最初分化之後所產生的個體，在加以比較時發現，它們擁有一種基因，而此種基因是在系統樹上，與之非常相近的個體中所沒有的。

因此人們認為，鹼基的此種排列方式，運用一定的方式，在相隔較遠的個體之間做水平傳遞。基因似乎不僅僅做垂直傳遞、而且還做水平傳遞。

小博士 解說

科學家們研究發現，基因不僅能夠做垂直傳遞，也能夠做水平傳遞，由於此種現象的發現，促使科學家們揭露了基因遺傳的奧秘。

基因的水平移動

細菌

細菌是一種形狀細小，結構簡單，多以二重分裂方式來做繁殖的原核生物，它是在大自然界分布最廣，個體數量最多的有機體，它是大自然物質循環的主要參與者。

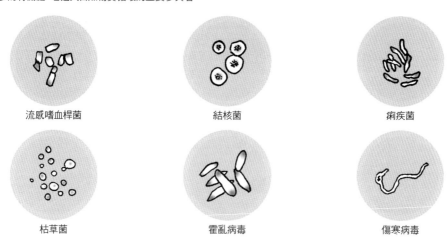

| 流感嗜血桿菌 | 結核菌 | 痢疾菌 |
| 枯草菌 | 霍亂病毒 | 傷寒病毒 |

各種細菌的基因解析工作正在火速開展
運用細菌基因解析的方法，人們發現了基因的水平傳遞功能

基因的垂直傳遞

基因從母體傳遞給子體

母體　　　　　　　　　　　　子體

基因的水平傳遞

噬菌體將產生細菌外毒素的基因帶入大腸桿菌之中，產生細菌外毒素的基因被植入大腸桿菌之中，大腸桿菌會變為病原性大腸桿菌 O-157。

痢疾桿菌

大腸桿菌

製造毒素的基因

基因的水平傳遞

10-12 基因重複理論

（一）重要性相當凸顯的理論

在 1930 年代，人們就是在對果蠅的研究流程中，發現了基因重複這一現象。即為當基因從母體傳遞給子體時，由於一些誤差或失誤，有時候基因會被複製兩遍。

由於具有兩個相同的基因，在剛開始的時侯，兩者都具有相同的功能，但在不久之後，其中一方會發生突變。此種突變大多都是相當不利的，但由於具有兩個相同的基因，因此當沒有發生突變的基因發揮關鍵性功能時，該生物個體就可以繼續生存下去。

雖然此種情況發生的機率相當小，但有時候突變對於生物而言是相當有利的。在此種情況下，該生物可以大量地繁殖後代，此與演化密切相關。基因重複可以使生物減少不利變異所帶來的風險，從而繼承有利變異的優點。

（二）決定血型的基因

隨著基因解析技術的發展，人們發現，基因的重複現象，在很多生物體內都會發生。

例如，決定人類 A、B、O 血型的基因，原本是三億到五億年前，生物體內的逆轉錄酶基因因為出現重複現象而產生的。據 是由挖制生物體內代謝酶所分泌的基因出現重複，並發生突變之後所產生的。

控制 A、B、O 血型的基因有三種，不同的組合可以形成四種表現型。人的血型有 O 型、A 型、B 型、AB 型，這些字母所指的是紅血球表面成為 A、B 的兩類糖，紅血球可以有兩類中的一種或兩種，也可能都沒有。

小博士 解說

科學家在對果蠅做研究的流程中，發現了基因重複的現象，但是這些重複的基因，在生物的成長與繁衍中，並沒有發揮任何功能。

基因重複理論

基因重複理論

生物的基因大部分是重複出現的，即在基因組之間存在多個拷貝的核苷酸序列，基因重複可以使生物減少不利變異所帶來的風險，從而繼承有利變異的優點。

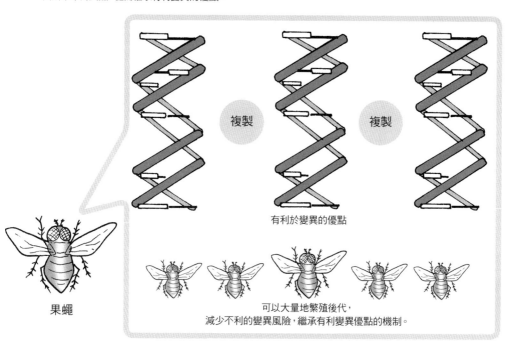

果蠅

複製

複製

有利於變異的優點

可以大量地繁殖後代，
減少不利的變異風險，繼承有利變異優點的機制。

控制 A、B、O 血型的基因

決定人類 A、B、O 血型的基因，原本是三億到五億年前，生物體內的逆轉錄酶基因因為出現重複現象而產生的。

血型	抗體	在血液中的抗體與左側血型的抗體混合時的反應			
		O	A	B	AB
O	抗 A 抗 B				
A	抗 B				
B	抗 A				
AB	—				

10-13 沒有功能的基因：垃圾 DNA

垃圾 DNA 是指去氧核糖核酸的鹼基序列中，一段與其他生物體內已知的基因序列，非常相似的片段。

（一）沒有功能的基因

當基因出現重複並發生突變時，有可能出現可以促進演化的變異。相反，當出現不利變異時，只要不威脅到個體的生存，就不會對生物個體產生影響。然而，在大多數情況下，基因將不再具有功能。也就是說，它不再發揮功能。而該基因也將以此種狀態被傳遞給後代。

此種被傳遞給後代而不被發現的基因被稱為為垃圾 DNA。也就是說此種基因僅僅是存在而已，而遺傳資訊則完全由正常的基因（功能基因）所控制。如此一來，即使垃圾 DNA 再發生突變也不會被發現。如果功能基因發生不利的突變，則就會被淘汰；而垃圾 DNA 發生突變也不會對生物產生任何的影響。因此，比較一下垃圾 DNA 和功能基因，就可以知道垃圾 DNA 發生了多少突變，以何種速度來發生演化。

（二）垃圾 DNA 並非廢物

據說人類的基因有 30 億個鹼基，其中 99% 是不帶有任何遺傳資訊的廢棄 DNA。廢棄和重複的部分，以及垃圾 DNA 等都是人類長期演化所累積的結果。而如今，有人認為，這些廢棄的 DNA 對於遺傳和生命活動也具有相當程度的功能，而並不是真正的廢物。

小博士 解說

基因組內高達 80% 的 DNA 活躍運作，且靠著數百萬個扮演開關角色的基因調控蛋白質環環相扣，影響罹病機率，大大顛覆了過去認為基因組內大部分是不活躍的「垃圾 DNA」觀念。

科學家同時發現，人體器官中有將近四百萬個所謂的調控蛋白質，扮演類似「開關」，可影響正常與異常基因的角色，影響罹患疾病的機率，這四百萬個調控蛋白質，約有二十萬個活躍在任何特定細胞內，此項發現將改變我們對疾病基因基礎的了解，也為治療開啟新的路徑。

垃圾 DNA

沒有功能的垃圾基因

垃圾 DNA 發生突變也不會對生物產生任何的影響。因此，比較一下垃圾 DNA 和功能基因，就可以知道垃圾 DNA 發生了多少突變，以何種速度來發生演化。垃圾 DNA 這些廢棄的 DNA 對於遺傳和生命活動也具有相當程度的功能。

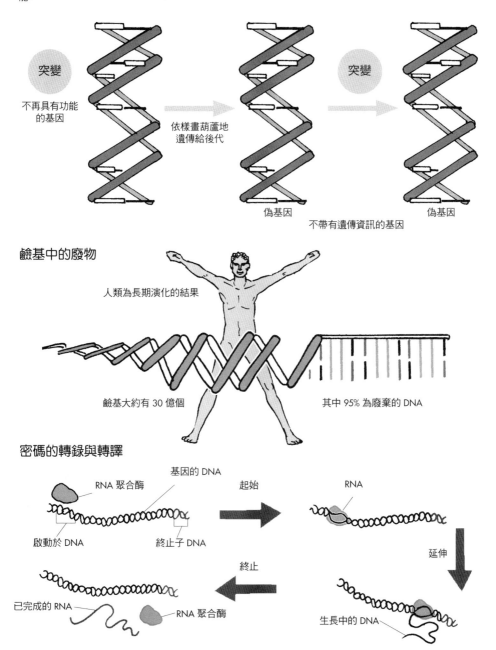

突變

不再具有功能的基因

依樣畫葫蘆地遺傳給後代

偽基因

不帶有遺傳資訊的基因

突變

偽基因

鹼基中的廢物

人類為長期演化的結果

鹼基大約有 30 億個

其中 95% 為廢棄的 DNA

密碼的轉錄與轉譯

RNA 聚合酶

基因的 DNA

起始

RNA

啟動於 DNA

終止子 DNA

延伸

終止

已完成的 RNA

RNA 聚合酶

生長中的 DNA

10-14 21世紀的分子演化學

（一）分子演化學的核心概念

　　21 世紀已過了十三年，人類及各種生物的基因解析也取得了長足的進步。當然，由於地球上的生物種類不計其數，究竟何時才能完成對各種生物基因的解析，我們無從得知，但總會有完成的一天。基因解析對於各種演化論的發展也將逐漸發揮影響力。人類將不僅僅使用化石和骨骼等對演化加以研究，而且還將運用基因來開展各種研究。此種運用基因鹼基排序來研究演化的科際整合學科與分子生物學一樣，被稱為分子演化學。

　　以前的生物演化意味著是個體或者物質的演化。單細胞演化為多細胞，然後又進一步發生演化。

　　然而，個體和物種只不過是生物細胞中的基因，所控制的性狀而已。也就是 ，分子演化學是一門主張遺傳基因是演化主軸的學科。

（二）見證演化流程的基因

　　另外，可以將基因說是演化流程的見證人。

　　人類和果蠅具有相同起源的事實就是最好的例子。同理，如果掌握了某種生物的某個基因是如何運作的話，就可以運用與相同或相近物種的比較，來推定演化流程以及它們的共同祖先是誰，當然也還可以做其他各種推定和驗證。此即為 21 世紀的新演化學。

小博士解說

　　在最初生物演化的研究中，主要採用比較觀察的方法，其證據偏重於型態方面。隨著遺傳學的迅速發展，對演化的研究逐漸轉向對演化機制的研究，其所採用的方法為族群遺傳學的方法。

　　隨著分子遺傳學的迅速發展與分子生物學的建構，可以利用這些技術來研究族群中的遺傳變異與生物的種系發生，並對傳統的演化學說提出質疑。

　　在分子的層級上，此一演化流程涉及到在DNA分子中發生插入、缺失與核苷酸替換等突變。

　　若某一段DNA編碼某種多肽，則此類變異就可能使多肽鏈氨基酸序列發生變化。在長期的歷史長河中，這些變異就會累積起來，從而形成與其祖先差異很大的分子。

　　隨著現代生物科技的發展與應用，現在已能夠確定DNA分子的核苷酸序列與各種多肽鏈的氨基酸序列。對各種相關的序列加以比較，就能確認各種生物演化的系統樹（Phylogenetic）。

分子演化學的核心概念

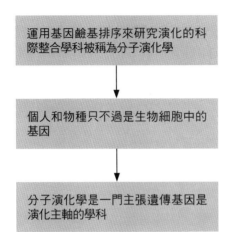

運用基因鹼基排序來研究演化的科際整合學科被稱為分子演化學

↓

個人和物種只不過是生物細胞中的基因

↓

分子演化學是一門主張遺傳基因是演化主軸的學科

分子演化學：21 世紀的新演化論

如果掌握了某種生物的某個基因是如何運作的話，就可以運用與相同或相近物種的比較，來推定演化流程以及它們的共同祖先是誰，當然也還可以做其他各種推定和驗證。

人類及各種生物的基因解析也取得了長足的進步，科學家們運用基因鹼基排序來研究演化的科際整合學科，此即為 21 世紀的新演化學。

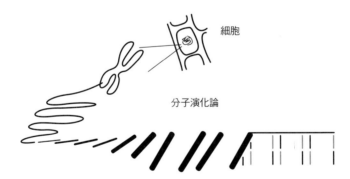

細胞

分子演化論

✛ 知識補充站

　　「分子鐘」的由來：學者對蛋白質的分析，以及近年來對基因鹼基的排序，證實了分子演化速度的恆定性大致成立，並經由中立說，而在理論上奠定了基礎，此為「分子鐘」名稱的由來。

　　利用古生物學資料，在研究現存各種生物的祖先發生演化分歧時，就會發現這些生物在整個演化期間，均以一種有規律的速率，對某種蛋白質氨基酸加以替換。當此種有規律的蛋白質氨基酸替換發生時，起源於某個共同祖先的兩個物種之間，在蛋白質氨基酸序列上的差異，即可將之視為一種演化的「分子鐘」（Molecular Clock），它可以確定兩個物種發生演化分歧的時間。因此，可以比較不同物種之同源蛋白的氨基酸序列，來推測分子變異的替換速度，從而確定物種分歧的大致時間。

10-15 進行中的演化

我們所接觸的無數系統中，最複雜不過的就是我們自己的身體。生命似乎是在大約四十億年前，發源自覆蓋整個地球的太初海洋。此事是如何發生的，我們目前尚不清楚。有可能是原子之間的隨機碰撞形成了巨型分子，這些分子再自我複製、自我組合成更為複雜的結構。

我們真正知道的是，早在三十五億年前，去氧核糖核酸（DNA）此種高度複雜的分子已經出現了。

DNA 是地球上所有生命的基礎。它擁有一個雙股螺旋結構，有點像螺旋梯。1953年，由劍橋大學卡文迪西實驗室的克里克與華森共同發現。在雙股螺旋中，負責連接兩股螺旋的是「鹼基對」，它們很像螺旋梯的踏腳板。鹼基共有四種，分別是胞嘧啶、鳥嘌呤、胸嘧啶及腺嘌呤。

這四種鹼基在雙股螺旋中的排列順序隱藏著遺傳資訊，能讓 DNA 組合出一個有機體，並能讓 DNA 自我複製。

當 DNA 複製自己的時候，雙股螺旋中的鹼基偶而會弄錯順序。在大多數情況下，這些錯誤會使 DNA 無法（或是比較不可能）自我複製，此意味著如此的遺傳錯誤（即所謂的突變）會自動消失。但在少數情況下，錯誤（或者突變）竟然會增加 DNA 自我複製與生存的機會。

在基因碼中，此種改變是良性的。鹼基序列中的資訊之所以會逐漸演化，其複雜度之所以能夠逐漸增加，其真正原因即在此。

小博士解說

胞嘧啶、鳥嘌呤、胸嘧啶及腺嘌呤等四種鹼基，在雙股螺旋中的排列順序隱藏著遺傳資訊，能讓 DNA 組合出一個有機體，並能讓 DNA 自我複製。當 DNA 複製自己的時候，雙股螺旋中的鹼基偶而會弄錯順序。

在大多數情況下，這些錯誤會使 DNA 無法（或是比較不可能）自我複製，此意味著如此的遺傳錯誤（即所謂的突變）會自動消失。

但在少數情況下，錯誤（或者突變）竟然會增加 DNA 自我複製與生存的機會。

在基因碼中，此種改變是良性的。鹼基序列中的資訊之所以會逐漸演化，其複雜度之所以能夠逐漸增加，其真正原因即在此。

進行中的演化

下圖是由電腦所產生的一組「圖像生命」，它們根據生物學家道金斯所設計的程式來演化。某一個特定的品系是否能夠存活，是由一些簡單的特質所決定，例如是否「有趣」、是否「不同」，或者是否「像昆蟲」。

從單一像素開始，早期數個隨機世代，在類似天擇的流程中發展。下圖所顯示的，是道金斯將一個像昆蟲的圖形成功地養到第 29 代（其中也有許多演化中的死胡同。）

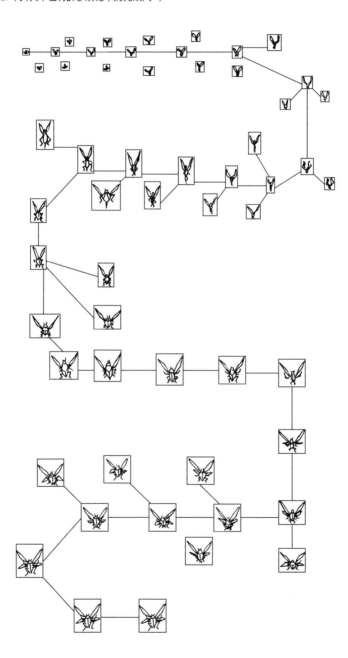

10-16 人類智慧與智慧型機器人

（一）什麼是人類智慧

人類的智慧主要是透過改進大腦的某種特殊化功能（例如語言的特殊化）而出現的。此一特殊化功能使人在從人猿演化出來的流程中，其聰敏程度與預見能力發生了相當大的飛躍。

智慧特別高的人，時常顯得相當地「機靈」，並且能夠同時產生許多的創意，能夠針對新的情況，解決新的問題，而且能夠熟練處理多個精神意象，例如，甲與乙的關係等同於丙與丁的關係之類的類比（Analogy）問題。

（二）達爾文式的思考流程與模式

從現有的關於物種演化與免役反應的知識中，歸納出達爾文式流程的基本特色共有六點：

1. 在遺傳學中的這些模式為 DNA 鹼基序列。
2. 這些模式產生出其拷貝。
3. 模式必須偶而發生變化。
4. 變異的模式必須相互競爭。
5. 變異體繁殖的相對成功率受到其環境的影響。
6. 下一代模式的構成取決於那些變異體得以生存下來，從而被複製。下一代模式將聚焦於目前的成功模式而延伸出來的青出於藍而勝於藍的變種。

（三）電子電路與大腦的比較

人類的大腦中包含了大約 100 兆個觸突，未來可能利用奈米技術，將大腦製作成豌豆大小的元件，而此種智慧型機器人的思維速度可能比人類快 100 萬倍。

小博士解說

頭腦的社會（The Society of the Mind）

世界頂級人工智慧學家，麻省理工學院（MIT）講座教授敏斯基（Marvin Minsky），在「頭腦的社會」（The Society of Mind）一書曾說：連接良好的表示法，使你在大腦中反覆考量你的看法，以便從不同的角度來想事情，直到你發現了對你而言是行得通的看法行得通的表示法，此即為「思考」的流程。

大腦與電腦的最大區別為靈活性問題，靈活性解釋了為什麼思考對我們而言相當簡單，但對電腦而言相當困難的原因，大腦很少只使用單一的表現法，相反的，大腦可以平行地提出多種方案，以便始終有多種觀點可供使用，它們隨時會聚焦其表現，並且在需要時重新檢視。為了有效地思考，你需要多種流程以幫你描繪、預測、解釋、整合以及計劃大腦下一步將要做的事情。如果電腦程式中的一個步驟出了故障，則另一個步驟會提出一個替代方案，則此種智慧型電腦即具有「意識」。人類的智慧主要是透過改進大腦的某種特殊化功能（例如語言的特殊化）而出現的。此一特殊化功能使人在從人猿演化出來的流程中，其聰敏程度與預見能力發生了大飛躍。

人類的大腦中包含了大約 100 兆個觸突，未來可能利用奈米技術，將大腦製作成豌豆大小的元件，而此種智慧型機器人的思維速度可能比人類快 100 萬倍。

達爾文式的思考流程與模式

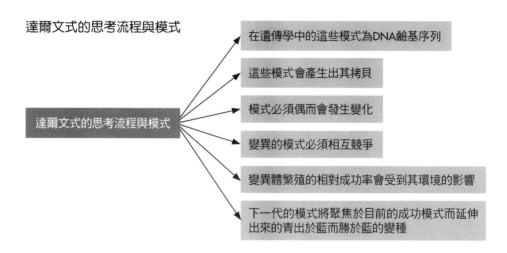

達爾文式的思考流程與模式 →
- 在遺傳學中的這些模式為DNA鹼基序列
- 這些模式會產生出其拷貝
- 模式必須偶而會發生變化
- 變異的模式必須相互競爭
- 變異體繁殖的相對成功率會受到其環境的影響
- 下一代的模式將聚焦於目前的成功模式而延伸出來的青出於藍而勝於藍的變種

電子電路與大腦的比較

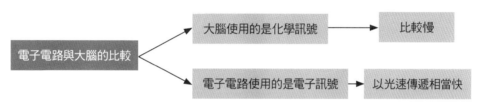

電子電路與大腦的比較 →
- 大腦使用的是化學訊號 → 比較慢
- 電子電路使用的是電子訊號 → 以光速傳遞相當快

智慧是否值得長存

智慧是否有存活的價值，目前還不清楚。細菌沒有智慧，卻活得相當好；假如我們所謂的智慧導致我們在一場核戰中全部毀滅，但細菌仍能繼續存活。

✚ 知識補充站

我們對人類基因組的瞭解，無疑會引發醫學的大躍進，也會使我們能大大地提高人類DNA結構的複雜度。可能在未來幾百年內，遺傳工程將會取代生物演化。並引發許多嶄新的人類倫理問題。

10-17 邁向一個永續發展的美麗新世界（一）

生物多樣性（Biological Diversity）的保護問題與整個生物圈的未來問題是分不開的，而生物圈的命運反過來又與人類的未來都有著密切的關係。我打算在這裏描述一種關於人類及生物圈其他部分的未來研究計劃。不過，那一計劃並不企求有威力無比的預言。它只要求各機構、各行各業的人們一起來考慮這樣一個問題，即是否有一個漸進的方案，使 21 世紀能向一個更接近於持續發展的世界邁進。這樣一個方法更集中於研究將來可能發生什麼，而不僅僅只是作些簡單的預測。

為什麼要從這麼大的規模上來思考呢？一個體難道不應該把規劃集中於世界情勢的某一特殊方面，以便於更容易實現該計劃嗎？

我們生在一個不斷走向專業化的年代，而且這種趨勢有充分的理由以及說服力。人類不斷地從每個研究領域中學到更多的東西；每當一個專業形成時，它都傾向於分裂成一些子專業。這種流程不斷發生，而且這是必要且值得做的。然而，專業化也越來越需要以科際整合（Interdisciplinary Intergration）作為補充。理由是對於一個複雜性系統來說，我們不可能通過將它們分解為既定子系統或不同方面而完整地描述它們。如果那些彼此有著密切相互關係的子系統或不同方面被分開研究，即使是非常地小心謹慎，所得結果的總和仍然不能構成一個有用的完整圖景。從這一個意義上來說，「整體大於部分之和」（The Whole is Bigger Than the Sum of Parts）這一古代格言蘊含著深奧且抽象的真理。

（一）閘門事件

美國新墨西哥州聖塔菲研究院（Santa Fe Institute）的莫洛維茲提出了導致地球生命產生的幾種可能的化學閘門。那些閘門包括：

1. 導致利用陽光的能量代謝，並進而使得一種能將細胞的某一部分物質孤立起來的細胞膜所形成的事件。

2. 為酮酸到氨基酸的變遷，進而到蛋白質產生提供催化劑的事件。

3. 導致稱為二硝基雜環的分子形成，進而使 DNA 組核苷酸形成，因而使基因組、生物圖式或者資訊組的存在成為可能的事件。

莫洛維茲及其他一些人認為，至少在很多情況下，在經歷了一系列早期變化之後，由一次或者幾次突變引起的基因組中的微小變化，可以引發一起閘門事件，從而引發打破演化平衡的相對穩定性。在進入由閘門事件所開創的領域時，使生物的複雜性上升到一個更高的層級。

（二）小步伐與大變化

一些微小的變化能引發閘門事件，此種生物化學的變化為生命型式開闢出新的領域。這些革命性的變化是由於多個生物集聚成合成結構而引發的。變化的基本單元都是對已有物質發生作用的一種突變或重組。

研究與日常的經驗證實，人類思想是以合作與按部就班的方式發展的，在每一個階段，對原有的思想作出一些特殊的修改，但有時確實也會出現一些相當新穎的結構，此與生物演化的閘門事件相類似。

導致地球生命產生的幾種可能的化學閘門

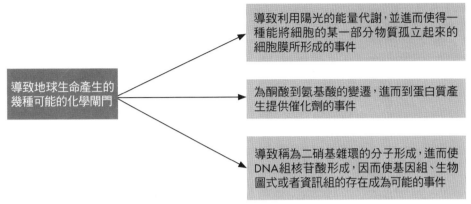

導致地球生命產生的幾種可能的化學閘門

導致利用陽光的能量代謝,並進而使得一種能將細胞的某一部分物質孤立起來的細胞膜所形成的事件

為酮酸到氨基酸的變遷,進而到蛋白質產生提供催化劑的事件

導致稱為二硝基雜環的分子形成,進而使DNA組核苷酸形成,因而使基因組、生物圖式或者資訊組的存在成為可能的事件

小步伐與大變化的複雜適應系統

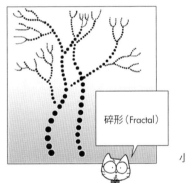

碎形(Fractal)

小步伐與大變化之間具有自我相似性(Self similarity)。

✚ 知識補充站

　　美國新墨西哥州聖塔菲研究所(Santa Fe Institute)的科學家、學者以及其他思想家,他們都來自世界各地,而且差不多代表了所有學科。他們聚集在一起,研究複雜系統及複雜性怎樣產生於簡單的基本定律。各地致力於世界情勢特殊方面研究的機構,在通向一個更接近永續性發展世界的潛在途徑方面,進行合作研究。上面所說的那些特殊層面通常必須包括政治、軍事、外交、經濟、社會、意識觀念、人口統計及環境等問題。一個比較適當的行動已經以 2050 計劃的形式開始實行,該計劃在世界資源研究所、布魯金斯研究所(Brookings Institute)及聖塔菲研究所的領導之下,有世界各地的人們與機構參與其中。

　　想要通向一個更接近永續發展的可能途徑,其整體性研究政策是相當重要的。但我們必須謹慎地將這些研究當作「想像的增補物」(Prostheses for Imagination),而且要防止誇大它們可能具有的正確性。試圖將人類行為,尤其是社會問題,納入到某種勢必狹窄的嚴格數學架構中的努力,已給世界帶來了許多痛苦。例如人們就曾以那種方式來使用經濟學,結果當然是令人遺憾的。還有,人們常常不嚴格地考據科學,特別是科學之間的類似性,來論證一些有損人類自由或福利的意識觀念。19 世紀的一些政治哲學所倡導的社會達爾文主義就是例子之一,但還絕不是最糟糕的一個。

10-18 邁向一個永續發展的美麗新世界（二）

（三）系統論

就在人們運用傳統的生命科學方法來探討生命的起源，即進行著有關先有蛋白質還是先有核酸的激烈爭論，在 20 世紀，人類自然科學另一個偉大的發現誕生了。在 1940 年代，奧地利生物學家伯塔朗菲（L. V. Beretalanffy, 1901-1971）提出了生命是具有整體性、動態性和開放性的秩序系統，從而開啟了系統論（System Theory）的新紀元。

幾十年來，系統論快速發展，包括比利時物理學家普里高津（I. Prigogine）對耗散系統的有秩序自我組織現象的發現（1917）、法國數學家托姆（R. Thom）從邊變論出發對生命形態發生動力學分析的發表（1923）、德國學者哈根（H. Haken）的協同理論的提出（1927），德國物理－化學家艾根（M. Eigen）超循環理論的建構（1929）、美國氣象學家羅侖茲（E. Lorenz）對混沌中秩序性的發現（1963），以及法國數學家曼德羅（Benoit Mandelbrot）創立了碎形幾何學（1970 年代）。

一種全新對生命的認識方法正在興起，此一方法已開始被應用到對生命現象包括生命起源的研究之中，並且日益顯示出它強大的生命力。

在系統論理論的指導下，1984 年，發現矽酸岩介導 DNA 合成現象的奧地利學者史考斯特（Schuster）提出了一個從化學演化到生物演化的階梯式過渡模式，試圖從生物小分子到最終細胞出現分解成六個序列躍遷的動力學流程。

小博士 解說

當代美國理論生物學家考夫曼（S. Kauffman）於1993年發表了「秩序的起源：演化中的自我組織和選擇」一書，它是目前研究生命秩序起源的一部十分重要的著作。其中對於生命的起源，作者並不是分散地從某個單一的角度來討論生命的起源，而是將它放在一個動力學系統中來加以思考。

系統論的發展流程

年代	發展流程
1940年代	伯塔朗菲 (L. V. Beretalanffy, 1901-1971) 提出了生命是具有整體性、動態性和開放性的秩序系統,從而開啟了系統論 (System Theory) 的新紀元
普里高津 (I. Prigogine, 1917)	對耗散系統的有秩序自我組織現象的發現
托姆 (R. Thom, 1923)	從遽變論出發對生命形態發生動力學分析的發表
哈根 (H. Haken, 1927)	提出了協同理論
艾根 (M. Eigen, 1929)	超循環理論的建構
羅侖茲 (E. Lorenz) (1963)	對混沌中秩序性的發現
曼德羅 (Benoit Mandelbrot) (1970年代)	創立了碎形幾何學
史考斯特 (Schuster) (1984年)	提出了一個從化學演化到生物演化的階梯式過渡模式,試圖從生物小分子到最後細胞出現分解成六個序列躍遷的動力學流程
考夫曼 (S. Kauffman) (1993年)	發表了「秩序的起源:演化中的自我組織和選擇」一書

＋ 知識補充站

（一）複雜適應系統

儘管探討此複雜系統的建構歷史仍然還是一項非常艱鉅而困難的工作,相關的分析皆處於基本理論推導的階段,但是它所傳達的資訊是:生命起源的問題,特別是DNA－RNA－蛋白質秩序的建構,不應孤立地從某個特定物質來加以討論,它應該是一個由多種原始生物大分子共同驅動的動力學系統的秩序自我組織流程。選擇作用從新的角度給予了解釋,生命系統的隨機變更以它內因性的動力學穩定,和對環境的適應來獲得「選擇」,即從系統論的觀點而言,生命在一定的自然界條件下,從非生命的環境中誕生,就理論層面而言,是相當合理的。

如果人類的確具有了相當程度的整體遠見:對未來的分支歷史有某種程度的了解:那麼一種高度適應性必將發生。當朝向更大永續性的連鎖轉變完成時,這也許才是一個關鍵性事件。尤其是意識觀念的轉變,這意味著人類意識向全球意識邁出了重要的一步;此種轉變或許藉助於巧妙的技術前進,不過現在還只能朦朧不清地預想這些技術。在轉變完成之後,整個人類成為一個整體:與棲息或生長在地球上的其他生物將會成為比現在更好的一個組合型式、具有充分多樣化的複雜適應系統。

而各種不同文化傳統的國家協力合作並做無暴力的良性競爭,導向一個較為理想的永續發展美麗新世界,則整個人類與大自然天人合一,從而充分有效地發揮具有充分多樣化 (Diversified) 複雜適應系統 (Complex Adaptive System, CAS) 的良性功能。

（二）選擇作用

選擇作用從新的角度給予解釋,生命系統的隨機變更以它內因性的動力學穩定,和對環境的適應獲得「選擇」,即從系統論的觀點來看,生命在一定的自然界條件下,從非生命的環境中誕生,就理論層面而言是相當合理的。

家圖書館出版品預行編目資料

解演化學 / 林川雄著.

初版 . -- 臺北市：五南, 2013.12
　;　公分
N 978-957-11-7289-7(平裝)
演化論 2. 生物演化
2　　　　　　　　　　102016693

5P31

圖解演化學

作　　　者	林川雄 (136.7)
發 行 人	楊榮川
總 編 輯	王翠華
主　　　編	王俐文
責 任 編 輯	金明芬
封 面 設 計	劉好音
出 版 者	五南圖書出版股份有限公司
地　　　址	106 臺北市和平東路二段 339 號 4 樓
電　　　話	(02)2705-5066
傳　　　真	(02)2706-6100
網　　　址	http://www.wunan.com.tw
電 子 郵 件	wunan@wunan.com.tw
郵 件 劃 撥	01068953
戶　　　名	五南圖書出版股份有限公司

台中市駐區辦公室 / 台中市中區中山路 6 號

電　　　話	(04)2223-0891
傳　　　真	(04)2223-3549

高雄市駐區辦公室 / 高雄市新興區中山一路 290 號

電　　　話	(07)2358-702
傳　　　真	(07)2350-236

法 律 顧 問	林勝安律師事務所 林勝安律師
出 版 日 期	2013 年 12 月初版一刷
定　　　價	新臺幣 350 元